Peddireddy Narayana Reddy
Suda Uthanna

Propriedades físicas de películas finas de óxido de prata puro e dopado com cobre

Peddireddy Narayana Reddy
Suda Uthanna

Propriedades físicas de películas finas de óxido de prata puro e dopado com cobre

para dispositivos micro electrónicos

ScienciaScripts

Imprint
Any brand names and product names mentioned in this book are subject to trademark, brand or patent protection and are trademarks or registered trademarks of their respective holders. The use of brand names, product names, common names, trade names, product descriptions etc. even without a particular marking in this work is in no way to be construed to mean that such names may be regarded as unrestricted in respect of trademark and brand protection legislation and could thus be used by anyone.

Cover image: www.ingimage.com

This book is a translation from the original published under ISBN 978-3-659-86682-1.

Publisher:
Sciencia Scripts
is a trademark of
Dodo Books Indian Ocean Ltd. and OmniScriptum S.R.L publishing group

120 High Road, East Finchley, London, N2 9ED, United Kingdom
Str. Armeneasca 28/1, office 1, Chisinau MD-2012, Republic of Moldova, Europe
Managing Directors: Ieva Konstantinova, Victoria Ursu
info@omniscriptum.com

Printed at: see last page
ISBN: 978-620-8-56769-9

ÍNDICE

CAPÍTULO - I INTRODUÇÃO

O futuro aprovisionamento energético e a segurança energética exigirão avanços revolucionários na tecnologia, a fim de manter ou fazer progredir o nível geral de vida e a prosperidade económica actuais [1]. Perante os custos elevados e crescentes da energia, as limitações no aprovisionamento energético e as preocupações crescentes com as variações climáticas e os seus efeitos no ambiente e na saúde, a magnitude do problema pode parecer assustadora. Por exemplo, foi afirmado que as tendências de aquecimento e precipitação devidas às alterações climáticas antropogénicas durante as últimas três décadas já custam mais de um milhão e cinquenta mil vidas humanas por ano [2]. Prevê-se igualmente que estas alterações sejam acompanhadas por fenómenos mais comuns e/ou extremos, como vagas de calor, chuvas torrenciais, tempestades e inundações costeiras; existe ainda o risco de as respostas climáticas não lineares conduzirem a alterações ainda mais rápidas, como a rutura da circulação oceânica em "correia transportadora", o colapso dos principais mantos de gelo e/ou a libertação de grandes quantidades de metano a grandes altitudes, o que conduzirá a um aquecimento global mais intenso [3]. Em 2050, haverá cerca de um milhão de pessoas no mundo. A energia tem de estar disponível para elas, tem de ser limpa e não deve poluir o ambiente. Para o efeito, são urgentemente necessárias novas tecnologias. Algumas dessas tecnologias estão principalmente relacionadas com a utilização eficiente da energia solar e com a poupança de energia no ambiente construído.

Nas últimas décadas, o desenvolvimento tecnológico trouxe consigo vários problemas ambientais e, consequentemente, questões de segurança humana. Alguns dos gases tóxicos ejectados pela indústria são nocivos para o ser humano e poluem o ambiente, pelo que têm de ser detectados. Os sensores que detectam diferentes gases pertencem à classe dos sensores químicos que encontram aplicações no controlo de processos nas indústrias e na monitorização ambiental perfeita. Os óxidos metálicos são os sensores de gás que permitem detetar vários tipos de gases como os hidrocarbonetos, o dióxido de carbono, o amoníaco e o óxido de azoto, etc. O limite de deteção dos gases depende do constituinte do gás e do tipo de óxido metálico utilizado. Os vários óxidos metálicos são o óxido de índio, o óxido de estanho, o óxido de zinco, o óxido de titânio, o óxido de cobre, o óxido de prata, o óxido de tungsténio, o óxido de molibdénio, etc. [4-6]. Estes óxidos são também potenciais para numerosas aplicações em sensores de gás, bio e químicos, sensores ópticos, sensores de pressão, armazenamento de energia, células solares sensibilizadas por corantes e dispositivos de tunelamento fotocatalítico. Outro tipo de óxidos metálicos são os óxidos condutores transparentes, que são transparentes à gama de radiações visíveis e têm uma elevada condutividade eléctrica. Estes óxidos condutores transparentes são o óxido de índio, o óxido de estanho, o óxido de índio e estanho, o óxido de zinco e o óxido de cádmio, que são dopados para aumentar a condutividade eléctrica e encontram aplicações em células solares de película fina, ecrãs de cristais líquidos e circuitos electrónicos invisíveis [7, 8]. Recentemente, tem-se prestado muita atenção à preparação de óxidos metálicos ternários e trimestrais para adaptar as condutividades eléctricas, a densidade de portadores e o intervalo de banda ótica às necessidades de aplicações específicas dos dispositivos [9, 10]. De facto, as películas finas de óxido de prata para fenestrações eficientes do ponto de vista energético estão agora altamente optimizadas, sendo relatado um grande número de aplicações com propriedades térmicas, solares e luminosas específicas (incluindo a cor).

1.1. Importância do óxido de prata

O sistema prata-oxigénio (Ag-O) foi estudado extensivamente nas últimas três décadas devido às suas importantes aplicações industriais. O oxigénio-prata contém vários compostos definidos, incluindo Ag_2O, AgO, Ag_3O_4, Ag4O3 e Ag2O3 [11]. Entre estes óxidos, o mais estável é o Ag_2O. Os óxidos de prata cristalizam em vários tipos de estruturas cristalinas, conduzindo a uma variedade de propriedades físico-químicas interessantes, tais como propriedades catalíticas, electroquímicas, electrónicas e ópticas. Por conseguinte, o óxido de prata, sob a forma de nanocristais e de películas finas, tem sido objeto de intensa investigação devido às suas promissoras aplicações como catalisador para a oxidação do etileno e do metanol [12, 13], sensor para a deteção de monóxido de carbono e amoníaco [14, 15], células solares fotovoltaicas [16, 17] e cátodo em pilhas-botão de óxido de prata e zinco, para um melhor desempenho na regulação da tensão e um maior tempo de armazenamento [18]. Peyser et al. [19] relataram uma forte emissão foto-activada de Ag_2O em nanoescala para excitação com um comprimento de onda inferior a 520 nm e realizaram a aplicação para lasers ópticos azuis. Fuji et al. [20] e Kim et al. [21] indicaram independentemente que as películas de Ag_xO podiam ser utilizadas como camada de leitura num novo disco ótico de campo próximo e como camada de máscara num novo disco magneto-ótico. As aplicações emergentes do óxido de prata são a espetroscopia de dispersão Raman melhorada à superfície em dispositivos plasmónicos [22-24] e estruturas de super-resolução de campo próximo em memórias ópticas [25]. Antelman [26] observou as propriedades bacteriostáticas do óxido de prata para aplicação no tratamento e cura de doenças dermatológicas da pele. As películas finas de óxido de prata foram utilizadas como material precursor para a síntese de supercondutores de alto Tc [27].

1.2. Estrutura cristalina do óxido de prata

O Ag_2O é chamado de óxido de prata (I) e óxido de dissilver. O Ag_2O cristaliza numa rede cúbica, com grupo espacial Pn-3m#224, em que cada átomo de Ag está coordenado linearmente a dois átomos de O, e cada átomo de O está coordenado tetraedricamente a quatro átomos de Ag. É uma isoestrutura com Cu_2O. O símbolo de Pearson do Ag_2O é cP6. A constante de rede é 4,723 A° e as distâncias de ligação Ag-O são 2,05 A°. As distâncias das ligações Ag-Ag são de 3,34 A° e as distâncias das ligações O-O são de 4,10 A° [28]. As posições atómicas são Ag em (0, 0, 0) e O em (¼, ¼, ¼). A estrutura cristalina do Ag_2O é apresentada na Figura 1.1.

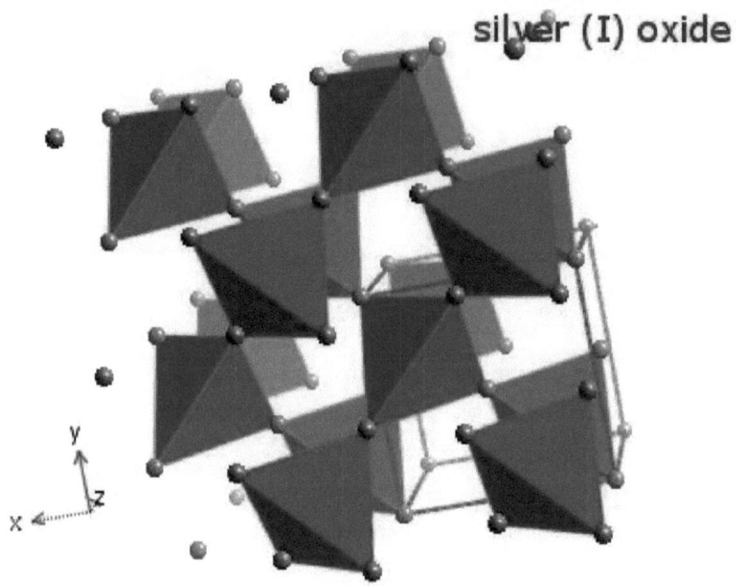

Figura 1.1 Estrutura cristalina do Ag_2O [elementos da web]

O óxido de prata (I, III) tem uma fórmula empírica AgO, o que pode sugerir que a prata se encontra no estado de oxidação +2. O AgO cristaliza numa rede monoclínica, com um grupo espacial P $2_1/c$. Na estrutura do AgO, as distâncias entre os átomos de prata e o oxigénio não são equivalentes e existem duas distâncias Ag-O de 2,18 e 2,03 A°; a primeira corresponde a ligações Ag(I)-O colineares, a segunda distância corresponde a ligações Ag(III)-O quadradas planas [29]. AgO mostra que os átomos de prata têm dois ambientes de coordenação diferentes, um com dois vizinhos óxidos colineares e o outro com quatro vizinhos óxidos coplanares. AgO é, portanto, formulado como $Ag^IAg^{III}O_2$ ou $Ag_2O{\cdot}Ag_2O_3$. É também conhecido como peróxido de prata, embora não tenha aniões peróxido (O_2^{2-}). A estrutura cristalina do AgO é apresentada na Figura 1.2.

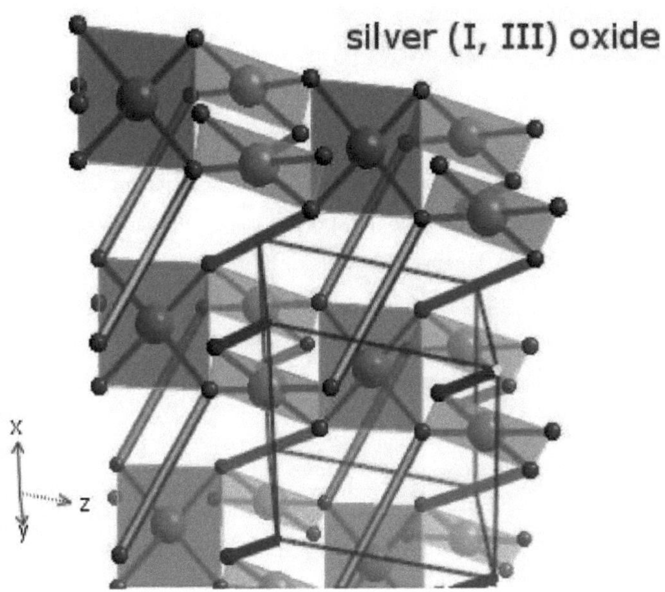

Figura 1.2 Estrutura cristalina do AgO [Elementos da Web]

1.3. Pesquisa bibliográfica sobre filmes de óxido de prata

Weaver e Hoflund [12] estudaram a decomposição térmica do AgO através de dados XPS de uma amostra de AgO em pó prensado antes e depois do recozimento em ultra-alto vácuo durante 30 minutos a 100, 200, 300 e 400°C. O recozimento a 100 °C resulta na perda ou redução completa da maioria destas espécies, mas o AgO não se decompõe. O recozimento a 200°C faz com que a maior parte do AgO se decomponha em Ag_2O. A quantidade de oxigénio dissolvido na região próxima da superfície aumenta. A taxa de decomposição aumenta com o aumento da temperatura de recozimento. O recozimento a 300°C produz uma mistura de Ag_2O e Ag metálica. O recozimento a 400°C faz com que a maior parte do Ag_2O se decomponha em Ag metálico. As energias de ligação do nível central de Ag $3d_{5/2}$ para AgO, Ag_2O e Ag metálica foram obtidas em 367,3, 367,7 e 368,0 eV, respetivamente. As energias de ligação do nível central de O 1s em AgO e Ag_2O e oxigénio de superfície foram obtidas 528,5, 528,8 e 531,0 eV, respetivamente.

Tjeng et al. [28] relataram a estrutura eletrónica do Ag_2O utilizando espetroscopia isocromática de fotoelectrõcs, augerelectrões e Bremsstrahlung. As energias de ligação do nível central de Ag $3d_{5/2}$, Ag $3d_{3/2}$ e O 1s obtidas foram 367,6, 373,6 e 528,9 eV respetivamente para Ag_2O e Ag $3d_{5/2}$, e Ag $3d_{3/2}$ foram 368,0 e 374 eV para Ag elementar.

Tselepis e Fortin [30] estudaram as aplicações semicondutoras e fotovoltaicas de películas de Ag_2O

do tipo p crescidas anodicamente em eléctrodos de prata. Foram obtidas espessuras de película até 10 µm com Ag_2O crescido anodicamente em . Os espectros fotovoltaicos obtidos a 27°C conduzem a um intervalo de banda de 1,42 eV. As melhores células fornecem uma tensão de circuito aberto de mais de 150 mV e uma corrente de curto-circuito de 100 $\mu A/cm^2$ sob iluminação de 50 $mWcm^{-2}$.

Varkey e Fort [31] prepararam as películas de peróxido de prata e óxido de prata em substratos de vidro através da técnica de deposição por banho químico. A espessura da película variou entre 0,04 e 0,10 µm, dependendo do tempo de deposição. Foram obtidas tensões de rutura de cerca de 625 V/mm e 500 V/mm para AgO e Ag_2O, respetivamente. O AgO e o Ag_2O apresentaram uma resistividade eléctrica de 50,0 Ωm e 12,5 Ωm, respetivamente, nos seus estados condutores. O AgO transmite nas regiões UV-Vis, enquanto o Ag2O tem um pico de absorção no visível, correspondendo a um intervalo de banda ótica de 2,25 eV.

Weaver e Hoflund [32] também investigaram a composição térmica do Ag_2O através de dados XPS de uma amostra de AgO em pó prensado antes e depois do recozimento a 100, 200, 300°C e durante 60 min a 490°C. Durante o recozimento a 100 °C, forma-se uma pequena quantidade de AgO e Ag metálico por desproporção de Ag_2O. O recozimento a 200°C provoca a decomposição da maior parte do carbonato e uma pequena porção do AgO decompõe-se em Ag_2O. O recozimento a 300°C provoca a decomposição do AgO restante, resultando na presença de maioritariamente Ag_2O e uma pequena quantidade de Ag metálico. O recozimento a 490°C durante 60 min faz com que quase todo o Ag_2O se decomponha em Ag metálico.

Pettersson e Snyder [33] depositaram as películas de prata em substratos de bolacha de silício por pulverização catódica RF ou por evaporação térmica e depois expuseram-nas a plasma de oxigénio à temperatura ambiente a partir de uma fonte de ressonância de ciclotrões electrónicos (ECR). A elipsometria espectroscópica foi utilizada para monitorizar a deposição e a oxidação, e determinar a espessura das películas e as constantes ópticas. As propriedades ópticas das películas de óxido de prata preparadas por diferentes métodos eram semelhantes no aspeto geral: transparentes para comprimentos de onda superiores a 500 nm com índice de refração superior a dois e absorventes em comprimentos de onda inferiores. Os estudos elipsométricos indicaram que a oxidação se iniciava na superfície da prata e prosseguia para baixo, com uma interface rugosa que aumentava progressivamente de espessura. As películas completamente oxidadas tinham o dobro da espessura das películas de prata originais. As películas de óxido de prata depositadas por pulverização reactiva de prata num fundo de oxigénio tinham um índice de refração mais elevado (> 2,5) do que as películas de prata oxidadas por ECR.

Schmidt et al. [34] estudaram o papel dos radicais neutros de oxigénio na oxidação de películas de Ag. As películas de prata com espessura entre 2 e 500 nm foram expostas a uma mistura gasosa excitada de árgon e oxigénio de uma fonte ECR de micro-ondas. Os filmes de Ag são oxidados sob a forma de crescimento de camadas de Ag_2O. O índice de refração das películas de Ag_2O foi de 2,5 (a 680 nm). A absorção de oxigénio foi mais lenta devido à aproximação de um equilíbrio entre a produção e a decomposição de AgO.

Houflund et al. [35] estudaram a caraterização da superfície de Ag, AgO e Ag_2O utilizando a espetroscopia de fotoelectrões de raios X e a espetroscopia de perda de energia eletrónica. A energia de ligação do pico Ag $3d_{5/2}$ é de 367,3 eV, e a largura total a meio máximo é de 1,57 eV para o AgO. A energia de ligação de O 1s de AgO é de 528,4 eV. A energia de ligação do pico Ag $3d_{5/2}$ é de 367,7 eV e a largura total a meia energia máxima é de 1,0 eV para o Ag_2O. O pico O 1s devido ao oxigénio do Ag_2O tem uma energia de ligação de 529,2 eV. Os espectros ELS obtidos a partir destes três materiais são significativamente diferentes, o que implica que a espetroscopia de perda de energia eletrónica é uma técnica útil para distinguir entre Ag metálico, AgO e Ag_2O ou analisar misturas destas espécies.

Yuqing et al. [36] depositaram películas finas de prata nanoestruturadas em substratos de vidro de quartzo por pulverização catódica com magnetrão RF utilizando um alvo de prata pura. Os resultados da nanoestruturação e da espetroscopia de fotoelectrões de raios X e da microscopia de força atómica mostram que, após a irradiação, todos os tamanhos de grão das películas finas se tornaram mais ou menos pequenos e a superfície compacta tornou-se rugosa e esparsa. Os óxidos de prata por oxigénio atómico existem como duas valências, ou seja, à superfície, o óxido é AgO, e mudam gradualmente para Ag_2O, o conteúdo de prata não oxidada também aumenta com a profundidade da película.

Waterhouse et al. [37] estudaram pós policristalinos de óxido de prata (I, III) (AgO), óxido de prata (I) (Ag_2O) e a composição térmica do pó de AgO no ar por difração de raios X, infravermelho com transformada de Fourier e espetroscopia Raman. O espetro de absorção no infravermelho com transformada de Fourier do Ag_2O contém seis bandas a 86, 460, 530, 565, 650 e 951 cm^{-1}. O espetro Raman do Ag_2O apresenta uma banda a 490 cm^{-1}. O espetro de absorção FT-IR do AgO apresenta uma banda a 384 cm^{-1}. O espetro Raman do AgO contém seis bandas nítidas nos números de onda 217, 300, 375, 429, 467 e

488 cm^{-1}. A decomposição térmica do AgO ocorreu em duas etapas. A decomposição térmica do AgO em Ag_2O ocorreu entre 373 e 473 K. A decomposição térmica do Ag_2O em prata metálica ocorreu entre 623 e 673 K. Observou-se que a decomposição do AgO em prata metálica se processa através do Ag_2O.

Buchel et al. [24] depositaram películas finas de óxido de prata em vidro revestido de alumínio por pulverização catódica reactiva à temperatura ambiente com um alvo de Ag numa atmosfera de Ar contendo O_2 a 0,5 Pa. Verificou-se que a atividade de espetroscopia Raman de superfície das camadas depende do tempo e da potência de ativação. As camadas de AgO sofrem alterações estruturais e de composição significativas que conduzem a fortes flutuações da intensidade Raman com reforço de superfície e a caraterísticas temporárias nos espectros de contaminantes de carbono amorfo. As camadas de óxido de prata pulverizadas reactivamente são utilizadas como material de substrato para aplicações de espetroscopia Raman de superfície melhorada.

Bielmann et al. [13] prepararam amostras de AgO por oxidação de Ag à temperatura ambiente em plasma de O_2 com ressonância de ciclotrões electrónicos. As energias de ligação de Ag $3d_{5/2}$ de Ag, AgO e Ag_2O foram 368,0, 367,2 e 367,6 eV, respetivamente. As energias de ligação do O 1s do AgO foram de 528,6 e 531,5 eV. Os espectros de fotoeletrão do O 1s apresentam uma estrutura de pico duplo com uma diferença de energia de ligação de 2,9 eV. A estrutura de pico duplo do O 1s é uma caraterística do AgO devido a um estado de valência misto dos átomos de oxigénio estruturalmente equivalentes.

Chiu et al. [38] depositaram películas finas de AgO_x em substratos de vidro Corning por pulverização catódica magnetrónica RF a partir de um alvo de Ag numa mistura gasosa reactiva de Ar e O_2 com potências de pulverização variadas na gama de 50 - 125 W. As películas de AgO_x depositadas foram recozidas a diferentes temperaturas durante vários períodos de tempo. O comprimento de onda da ressonância plasmónica foi deslocado de 420 para 450 nm com o aumento do tamanho das partículas de Ag_2O. A natureza reversível da reação de decomposição do Ag_2O foi confirmada por análise termogravimétrica, calorimetria diferencial de varrimento e difração de raios X. A suscetibilidade não linear de terceira ordem medida de $3,4x10^{-7}$ esu e o tempo de resposta de 27 ps das nanopartículas de Ag_2O tornam-nas promissoras para aplicações em dispositivos de comutação totalmente ópticos e sistemas ópticos de armazenamento de dados.

Shima e Tominaga [39] prepararam películas de AgOx em substratos de sílica fundida e Si mantidos à temperatura ambiente pelo método de pulverização catódica reactiva por magnetrão RF utilizando um alvo de Ag. O processo de decomposição térmica de uma película fina de AgO_x foi estudado por medições de transmitância ótica in situ e ex situ. Para uma película de AgO de 5 nm de espessura, observou-se claramente uma absorção localizada de ressonância plasmónica de superfície após a decomposição a 200 °C, tendo o seu comprimento de onda mudado em função da temperatura até 600 °C. Para as películas de 15 nm de espessura de AgO, a absorção foi fracamente observada a 400 °C, e mostrou apenas uma ligeira deslocação do comprimento de onda quando continuou a ser aquecida. A absorção de ressonância para o AgO recozido foi óbvia com a espessura da película de 5 nm, e tornou-se fraca a 15 nm. Foram obtidas propriedades ópticas e morfológicas semelhantes com a razão de composição de oxigénio na gama de 33 - 48 at. % .

Synders et al. [40] depositaram as películas finas de óxido de prata em substratos de silício por pulverização catódica reactiva por magnetrão DC e estudaram a dependência dos parâmetros de descarga, a composição da descarga e a estequiometria das películas depositadas em função da pressão total (5, 10 e 20 mTorr) e da concentração em O_2 (0 - 100%), a uma corrente de descarga de 40 mA. A estequiometria máxima obtida por pulverização reactiva por magnetrão DC é de cerca de $AgO_{0,4}$. A taxa de deposição das películas diminui acentuadamente com o aumento do caudal de oxigénio a diferentes pressões. A tensão de descarga das películas aumenta acentuadamente com o aumento do caudal de oxigénio a diferentes pressões. Os coeficientes de aderência de O e O_2 na parte Ag do substrato são semelhantes, enquanto os da parte Ag_2O são nitidamente inferiores.

Barik et al. [41] prepararam películas finas de óxido de prata em substratos de vidro de cal sodada à temperatura ambiente através da técnica de pulverização catódica reactiva por magnetrão DC, utilizando um alvo de prata metálica pura com caudais de oxigénio que variaram entre 0,00 e 2,01 sccm. A resistividade eléctrica aumentou de $2,83x10^{-5}$ para $1,60x10^{(-3)}$ Ωcm com o aumento do fluxo de oxigénio de 0 para 0,17 sccm. As películas finas de óxido de prata não estequiométricas são *do tipo n*, mas as películas apresentaram um comportamento do **tipo** p para os caudais de oxigénio de 0,54, 1,09 e 1,43 sccm. O índice de refração das películas (a 632,8 nm) diminui com o aumento do teor de oxigénio e situa-se na gama 1,17 - 1,15, enquanto as películas *do tipo p* apresentam um índice de refração mais elevado na gama 1,19 -1,20.

Gao et al. [42] estudaram a estrutura e as propriedades ópticas de películas de óxido de prata através dos métodos de elipsometria espectroscópica, XRD e XPS. As películas de AgOx foram preparadas em substratos de silício (100) pelo método de pulverização reactiva por feixe de iões com um alvo de Ag de elevada pureza em diferentes razões de fluxo de O_2 (0 - 0,7) e recozidas a diferentes temperaturas (200 - 500°C). As amostras preparadas com um baixo rácio de fluxo de oxigénio para árgon de 0,3 mostraram fases mistas de Ag e Ag_2O, enquanto que a 0,57 mostraram Ag_2O. A razão óptima de O_2 para a preparação das amostras situa-se no intervalo 0,5 - 0,6, no qual as constantes ópticas se tornam menos alteradas. Durante o recozimento, a estrutura amorfa de Ag_xO depositada será cristalizada e ocorrerá a decomposição dependente da temperatura. O limiar da temperatura de decomposição para AgO e Ag_2O é de aproximadamente 200 e 300°C, respetivamente.

Bock et al. [43] estudaram o crescimento epitaxial de películas de Ag e Ag_2O em superfícies de safira cortadas em r em diferentes condições de deposição. A Ag foi depositada por evaporação de feixe de electrões no vácuo, num fundo de O_2 molecular e na presença de plasma de oxigénio de ressonância de ciclotrões electrónicos. A presença de um fundo de oxigénio converte o crescimento policristalino aleatório de Ag no vácuo em crescimento epitaxial tridimensional de Ag com uma normal de superfície (110). As películas de Ag_2O depositadas por evaporação de Ag na presença de um plasma de oxigénio de ressonância ciclotrónica de electrões a fluxos de Ag suficientemente baixos crescem com uma epitaxia unidimensional e a direção (111) normal à superfície. O efeito da decomposição térmica do Ag_2O foi examinado através do recozimento das películas no vácuo acima de 350ºC, observando-se a segregação da prata em ilhas de Ag à medida que o Ag_2O se decompõe.

Abe et al. [44] produziram películas finas de óxido de Ag em substratos de vidro através de pulverização catódica RF convencional por pulverização catódica de um alvo de Ag com diferentes rácios de fluxo de oxigénio [$O_2/(O_2+Ar)$] variando de 0 a 100% e a uma temperatura do substrato variando da temperatura ambiente de 300 a 200ºC. Formaram-se películas de fase mista de Ag e Ag_2O a baixas taxas de fluxo de oxigénio de 0 a 30% e películas hexagonais de Ag_2O acima da taxa de fluxo de O_2 de 40%. As películas depositadas à temperatura do substrato de 100 e 200ºC exibiram uma fase cúbica de Ag_2O. No entanto, a superfície das películas depositadas à temperatura ambiente é muito lisa, enquanto as depositadas a 100 e 200ºC se tornam muito rugosas. As películas de Ag com uma resistividade de 4 Ωcm e uma reflectância de 98% foram obtidas com uma taxa de fluxo de O_2 inferior a 5%. O aumento da resistividade e a diminuição da reflectância foram observados com o aumento da taxa de fluxo de O_2 devido à formação de fases mistas de Ag e óxido de Ag. As películas semitransparentes de Ag_2O com resistividade de $10^{(8)\,\Omega cm}$ formaram-se acima de uma razão de fluxo de O_2 de 0,4.

Her et al. [25] depositaram películas de AgOx em substratos de silício e vidro por pulverização catódica reactiva por magnetrão RF de um alvo de Ag puro com diferentes rácios [$O_2/(O_2+Ar)$] de 0,2, 0,5 e 0,7. Verificou-se que as partículas metálicas de Ag coexistem com a matriz de AgOx na película de AgOx pulverizada reactivamente. À medida que o rácio de fluxo de oxigénio aumentava, o tamanho e a quantidade de partículas de Ag diminuíam e as fases constituintes da matriz de AgOx transformavam-se gradualmente de Ag_2O puro para uma mistura de fases Ag_2O e AgO e, em seguida, para uma fase única de fase AgO. Durante o recozimento térmico, houve redução de AgO em Ag_2O, decomposição de Ag_2O em Ag e O_2.

Kolobov et al. [45] prepararam películas finas de AgO_x por pulverização catódica magnetrónica de um alvo de Ag num fluxo de Ar e O_2 (o rácio do fluxo de gás Ar/O2 era de 0,33) e estudaram a decomposição térmica de camadas finas de AgO_x gerando um campo ótico próximo através da estrutura de absorção de raios X de borda L_{III} de Ag. A decomposição térmica de camadas finas de AgO usando a espetroscopia de estrutura de absorção de raios X na borda Ag L_{III} constatou que a decomposição começa a 50 ° C e está completa a 160 ° C. O processo de decomposição apresenta três fases e a camada de óxido nas fases intermédias é constituída por uma mistura de AgO, Ag_2O e Ag metálica com diferentes fracções de cada fase. As energias de ativação estimadas são de 1,91 e 1,32 eV para o processo de decomposição de AgO em Ag e a subsequente decomposição de Ag_2O em Ag, respetivamente.

Pierson et al. [46] formaram filmes de óxido de prata (Ag_2O) em substratos de vidro e silício (100) por pulverização catódica reactiva por magnetrão RF de um alvo de prata em misturas de Ar-O2. A baixas taxas de fluxo de oxigénio (< 8 sccm), as películas são bifásicas $Ag+Ag_2O$, enquanto a taxas de fluxo de oxigénio mais elevadas (≥ 8 sccm), foram observadas películas monofásicas de Ag_2O. O tamanho do cristal dos filmes de Ag_2O foi de quase 14 nm. A resistividade eléctrica das películas aumentou com o aumento da taxa de fluxo de oxigénio. O intervalo de banda ótica das películas de Ag_2O foi de 2,27 eV e a sua resistividade eléctrica varia entre 10^4 e $10^{(5)\,\Omega cm}$.

Pierson e Rousselot [47] depositaram películas de óxido de prata em substratos de vidro por pulverização catódica por magnetrão RF de um alvo de prata em várias misturas reactivas de $Ar-O_2$. Com um caudal de oxigénio baixo (< 8 sccm), as películas eram bifásicas ($Ag+Ag_2O$), enquanto as películas de Ag_2O simples foram sintetizadas com um caudal de oxigénio mais elevado (≥ 8 sccm). As películas depositadas foram recozidas no ar a 200 e 300°C. Após o recozimento, os grãos de Ag_2O foram decompostos em prata metálica e oxigénio. A intensidade dos picos de difração de Ag_2O aumentou com o aumento da tensão de polarização para -2330 V. As películas de Ag_2O não são estáveis durante o recozimento ao ar a temperaturas tão baixas como 200°C.

Fuzimaki et al. [23] depositaram películas finas de AgO_x em bolachas de Si e substratos de vidro de sílica através de um método de pulverização catódica reactiva por magnetrão RF à temperatura ambiente com diferentes taxas de fluxo de gás $[O_2/(O_2+Ar)]$ de 0,75, 0,25 e 0,20. As películas finas de AgO_x depositadas foram recozidas por irradiação laser visível a 100, 300 e 600°C durante 5 min. O recozimento térmico causa a desoxidação do AgO_x, como AgO em Ag_2O e Ag_2O em Ag metálico. As películas finas de AgO_x recozidas a 300°C durante 5 min numa atmosfera de N2 foram adequadas para a formação de nanopartículas de Ag eficazes para a dispersão Raman melhorada pela superfície.

Arai et al. [48] depositaram películas finas de AgOx em bolachas de Si polidas por pulverização catódica por magnetrão RF sob pressão de pulverização de 0,5 Pa. As películas de Ag nanoestruturadas foram obtidas a partir da redução de películas finas de AgOx depositadas por dois processos de corrosão diferentes. Os diâmetros das nanopartículas de Ag aumentaram de 20 para 60 nm com o aumento do tempo de gravação de 1 para 6 min. Os espectros de reflectância das películas de AgO_x exibiram as caraterísticas de ressonâncias plasmónicas de superfície localizadas devido à formação de nanopartículas de Ag à medida que a redução do AgOx progredia. A análise da estrutura de absorção de raios X da borda L_{III} do Ag revelou uma variação drástica na composição relativa do AgO_x, dependendo do tempo de gravação.

Rivers et al. [49] produziram películas de $Ag_{2-x}O$ em substratos de safira monocristalina de plano r por evaporação de Ag por feixe de electrões na presença de plasma de oxigénio por ressonância ciclotrónica de electrões. A análise de difração de raios X indica que as películas de $Ag_{2-x}O$ não são monofásicas, mas contêm assinaturas de componentes de Ag_2O e AgO coexistentes. As películas Ag_2-

xO de fase mista apresentaram 77% de transmissão ótica em comprimentos de onda superiores a 500 nm. As películas de $Ag_{2-x}O$ são do tipo p, com uma condutividade eléctrica da ordem dos 3×10^{-3} $\Omega^{-1}cm^{(-1)}$, e apresentam um intervalo de banda direta de 3,29 eV.

Al-Kuhaili [50] produziu películas finas de AgO por evaporação térmica num contexto de oxigénio molecular. A intensidade do pico predominante de Ag (111) diminuiu com o aumento da pressão parcial de oxigénio, mas não desapareceu. Verificou-se que as películas eram principalmente de Ag metálica com um pequeno componente de óxido de prata que aumentava com a pressão parcial de oxigénio. As energias de ligação do nível central de Ag $_{3d5/2}$, Ag $_{3d3/2}$ e O 1s foram deslocadas para uma região de energia de ligação mais elevada com o aumento da pressão parcial de oxigénio. A resistividade eléctrica das películas aumentou com o aumento da pressão parcial de oxigénio. A transmitância ótica das películas aumentou, enquanto a reflectância diminuiu com o aumento da pressão parcial de oxigénio.

Gao et al. [51] prepararam duas séries de películas de Ag_xO em substratos de vidro pelo método de pulverização catódica por magnetrão DC à temperatura ambiente e a 90 °C sob diferentes condições de rácio de oxigénio para gás árgon. A evolução do componente $AgO+Ag_2O$ para Ag_2O ocorreu com o aumento da temperatura do substrato. As películas de Ag_xO preparadas à temperatura ambiente eram constituídas principalmente por aglomerados de AgO e Ag_2O, enquanto o Ag_2O era o componente principal do Ag_xO preparado a 90 °C. As películas de Ag_xO preparadas com uma razão optimizada de oxigénio para árgon apresentaram um intervalo de banda ótica de 2,89 eV.

Dellasega et al. [52] produziram óxido de prata nanoestruturado de alta valência (Ag_4O_4) em substratos de Si à temperatura ambiente por deposição de laser pulsado. As películas cristalinas puras de Ag4O4 foram observadas a 20 Pa de ar sintético ou 4 Pa de oxigénio puro. Os espectros Raman do Ag4O4 continham seis bandas nítidas, nas frequências 217, 300, 375, 429, 467 e 488 cm^{-1}. O parâmetro de deposição adimensional L, que relaciona a distância alvo-substrato, permite o controlo da estequiometria e a morfologia das películas variou de compacta e colunar a semelhante a uma espuma.

Ravi Chandra Raju et al. [53] prepararam películas finas de óxido de prata à temperatura ambiente através da técnica de deposição por laser pulsado , variando a pressão do gás oxigénio entre 9 e 50 Pa. A baixas pressões de oxigénio (9 e 10 Pa), formam-se Ag_2O e AgO. A pressões de oxigénio mais elevadas, a partir de 20 Pa, formou-se AgO monoclínico puro com natureza semicondutora. Com o aumento da pressão de oxigénio na câmara de crescimento, observou-se que (i) o Ag_2O hexagonal se transformou em AgO monoclínico, (ii) o tamanho do grão da película aumentou de 59 para 200 nm, (iii) a rugosidade da superfície da película aumentou de 9 para 42 nm, (iv) a resistividade das películas aumentou de 1 para $4\times 10^{(2)\ \Omega cm}$, (v) a função de trabalho da superfície das películas aumentou de 5.47 para 5,61 eV e (vi) o intervalo de banda ótica das películas finas de AgO diminui de 1,01 para

0,93 eV. A espetroscopia Raman nas películas finas de AgO mostra picos de baixo número de onda correspondentes à vibração de estiramento das ligações Ag-O.

Gao et al. [54] prepararam filmes monofásicos de Ag_2O formados a 150°C e alterando a razão do fluxo de oxigénio para árgon. O filme de Ag2O com orientação preferencial (111) foi preparado com uma razão de fluxo de oxigénio para árgon de 0,5. A análise das constantes dieléctricas do filme de Ag_2O relacionadas com as propriedades ópticas foi realizada por elipsometria espectroscópica e modelo de oscilador único. O gap de energia ótica do filme determinado pelo modelo de oscilador único foi de 2,32 eV. A energia de dispersão E_d foi de 20,28 eV, o que indica que a película de Ag_2O pertence à classe covalente. O intervalo de banda ótica e a frequência de plasma dos electrões de valência foram de 1,16 e 4,85 eV, respetivamente.

Gao et al. [55] depositaram películas de Ag_2O orientadas para (111) em substratos de vidro por pulverização catódica reactiva DC a uma temperatura de substrato de 150 °C e a um caudal de gás de 0,5 oxigénio para árgon, que foram recozidas por processamento térmico rápido a diferentes temperaturas durante 5 min, a fim de determinar o limiar da temperatura de decomposição térmica. Os resultados indicaram que não era possível distinguir nenhum pico de difração de Ag nas películas de Ag_2O recozidas abaixo de 200°C. A película de Ag2O recozida a 200 °C começa a apresentar picos de difração de Ag caraterísticos e, em particular, a película de Ag_2O recozida a 250 °C pode demonstrar picos de difração de Ag melhorados. O limiar da reação de decomposição térmica para produzir partículas de Ag é de aproximadamente 200 °C para a película de Ag_2O.

Wu et al. [56] formaram películas de Ag_xO pelo método reativo RF magnetrão com rácios de fluxo de gás oxigénio (O_2/O_2+Ar) de 0,25, 0,5 e 0,7. As películas depositadas são recozidas a 200 °C. As películas de Ag_xO depositadas com rácios de fluxo de oxigénio ≥ 0,5 encontram-se em estado amorfo e as partículas cristalinas de Ag separam-se após o recozimento. As películas de Ag_xO formadas com rácios de fluxo de oxigénio para árgon de 0,2, 0,5 e 0,7 apresentam uma rugosidade média quadrática da superfície de 3,54, 4,24 e 6,12 nm, respetivamente, e após recozimento a 200 °C, a sua rugosidade aumentou para 4, 105 e 24 nm, respetivamente. Após o recozimento, a superfície das películas torna-se muito mais rugosa e a espessura da película aumenta muito devido à decomposição do Ag_xO com libertação de oxigénio.

Feng et al. [57] prepararam películas de óxido de prata (Ag_xO) em substratos de vidro por pulverização catódica reactiva por magnetrão DC com diferentes rácios de fluxo de oxigénio O_2/Ar na gama de 0,17 a 0,83 e temperaturas do substrato a 200 e 250°C. As películas de Ag_xO dominadas por Ag2O foram recozidas termicamente a 175 °C durante 10, 15 e 20 min. As películas de Ag_xO são bifásicas ($Ag+Ag_2O$) quando depositadas a baixos valores de OFR e a película de Ag_xO dominada por Ag2O só pode ser sintetizada a taxas de fluxo de oxigénio mais elevadas. A fase Ag_2O é preferencialmente produzida a taxas de fluxo de oxigénio mais elevadas. O domínio da fase Ag2O na película de Ag_xO pode ser atribuído à reação em cadeia AgO → Ag_2O θ Ag + O, AgO + Ag → Ag_2O. A fase AgO é termodinamicamente instável em comparação com a fase Ag2O. A fase Ag2O é termodinamicamente estável a temperaturas abaixo do limiar da temperatura de decomposição térmica, que se aproxima dos 175°C.

Gao et al. [58] estudaram o efeito do recozimento com hidrogénio de filmes de Ag2O monofásicos. As películas de Ag2O de fase única e orientadas para (111) foram depositadas em substratos de vidro utilizando pulverização catódica reactiva por magnetrão DC a 250 °C e uma relação de gases de oxigénio e árgon de 15:18. A película depositada foi recozida a uma temperatura de recozimento que varia entre 175 e 200 °C durante 1 hora na mistura de Ar e H2 com um rácio de fluxo de Ar para H2 de 4:1. O efeito de redução do hidrogénio pode diminuir o TDT da película a uma temperatura tão baixa como 175°C e aumentar a decomposição de Ag2O por dissociação de H2 na superfície seguida da formação e dessorção de moléculas gasosas de H2O. Os efeitos duplos da redução do hidrogénio e da decomposição térmica do Ag2O aceleram a transformação do Ag2O em Ag à temperatura de recozimento de 200°C. O átomo de H pode reagir com o átomo de O produzido pela decomposição térmica do Ag2O a 200°C para formar uma molécula de H2O gasosa.

Gao et al. [59] depositaram películas de óxido de prata em substratos de vidro por pulverização catódica reactiva por magnetrão DC a uma temperatura de substrato de 250 °C e uma relação de fluxo de oxigénio de 15:18, modificando a potência de pulverização. As películas de Ag_xO depositadas mostram aparentemente uma evolução estrutural da estrutura cúbica bifásica (AgO+Ag2O) para a estrutura cúbica monofásica (Ag2O) e para a estrutura bifásica (Ag2O+AgO) com o aumento da potência de pulverização de 55 para 135 W. Com a potência de pulverização< 105 W, a película de Ag_xO é cúbica bifásica (AgO + Ag2O) e é Ag2O (111) preferencialmente orientada. Em especial, a película cúbica monofásica de Ag2O com orientação preferencial (111) é depositada com uma potência de pulverização de 105 W. Com a potência de pulverização> 120 W, a película de Ag_xO é bifásica (Ag2O+AgO) com orientação tetraédrica de AgO (220). Nomeadamente, a película de Ag2O monofásica cúbica é depositada com a potência de pulverização de 105 W e uma fase de AgO com orientação (220) é detectada nas películas de Ag_xO depositadas com a potência de pulverização> 105 W. A transmissão ótica e a reflexão das películas de Ag_xO na região transparente diminuem com o aumento da potência de pulverização, enquanto a absorção aumenta inversamente com o aumento da potência de pulverização. O intervalo de banda ótica das películas diminui de 3,1 para 2,73 eV com o aumento da potência de pulverização. A película de Ag2O cúbica de fase única depositada a uma pressão de pulverização de 105 W apresentou um intervalo de banda ótica de 2,86 eV.

Ma et al. [60] depositaram películas de Ag2O em substratos de vidro pelo método de pulverização catódica reactiva por magnetrão RF a oxigénio e árgon com um rácio de fluxo de 2:3 a várias temperaturas do substrato na gama de 100 - 225°C. As películas monofásicas de Ag_2O depositadas a temperaturas de substrato de 200 °C eram (111) preferencialmente orientadas, o que pode ser devido à menor energia livre da face cristalina (111). A cristalização da película torna-se fraca à medida que o valor de T_s aumenta de 100 para 225 C. Em particular, as películas de Ag_2O depositadas a 225°C perdem a orientação preferencial (111). Com o aumento do valor de T_s, a transmissão e a reflexão das películas na região transparente são gradualmente reduzidas, enquanto a absorção aumenta gradualmente. O intervalo de energia ótica das películas aumentou de 3,25 para 2,77 eV com o aumento da temperatura do substrato.

Sanson et al. [61] estudaram os primeiros princípios dos modos de vibração em cristais de cuprite Cu_2O e Ag_2O foram investigados por meio da teoria pura do funcional da densidade dentro da aproximação geral do gradiente. Em Cu_2O, as frequências calculadas no ponto Γ da zona de Brillouin estão em muito boa concordância com as frequências experimentais. Diferentemente, em Ag_2O, a presença dos modos vibracionais E_u e F_{2u} com frequências negativas indica uma transição de fase a baixa temperatura, em concordância com medidas recentes de difração de raios X e neutrões de alta resolução. A varredura de energia ao longo desses dois modos mostra um potencial de poço duplo, dentro do qual apenas os átomos de Ag vibram. Como resultado, a origem da transição de fase pode ser atribuída à desordem deslocada dos átomos de Ag.

1.4. Importância das películas de óxido de cobre e prata

O sistema prata-cobre-oxigénio (Ag-Cu-O) é constituído por vários compostos ternários Ag2Cu2O3, Ag2Cu2O4 e $AgCuO_2$. Antes do século XXI, não se conhecia um único óxido misto de prata-cobre, nem natural nem sintético. O ano de 1999 viu nascer o primeiro óxido misto de prata-cobre $Ag_2Cu_2O_3$. O primeiro composto ternário de óxido de cobre-prata Ag2Cu2O3 foi preparado por Gomez-Romero et al. [62] em forma de pó, utilizando um método de co-precipitação à temperatura ambiente. Mais tarde, em 2001, o segundo composto ternário de óxido de cobre e prata Ag2Cu2O4 foi sintetizado por oxidação eletroquímica da suspensão do precursor Ag2Cu2O3 [63-66] à temperatura ambiente e oxidação por ozono [67]. Curda et al. [68, 69] sintetizaram o monóxido misto de cobre e prata, AgCuO2, que é diamagnético e apresenta novamente valência mista, de acordo com a fórmula $Ag^{I}Cu^{II}O_2$. A maioria dos estudos sobre os óxidos de cobre-prata recentemente descobertos concentrou-se na determinação de propriedades fundamentais, como a estrutura cristalina e a estabilidade térmica. No entanto, tem havido uma mudança no sentido de analisar as aplicações, com grupos que estudam os óxidos de cobre-prata como elétrodo positivo em baterias de células-botão [70-73] ou como novos materiais para aplicações fotovoltaicas [74]. Os óxidos de cobre-prata são semicondutores do tipo p, que podem potencialmente ser utilizados como materiais emissores ou absorventes para dispositivos fotovoltaicos da futura geração. O óxido ternário de prata e cobre tem novas aplicações nos domínios da ciência e da tecnologia, como supercondutores de alta temperatura [75].

Gomez-Romero et al. [62] sintetizaram pela primeira vez o Ag2Cu2O3 na forma bruta dissolvendo $Cu(NO_3)_2$ e AgNO3 em água e solução aquosa de NaOH e trataram termicamente ao ar a 90 °C por 24 horas. A análise química e termogravimétrica indicou o crescimento de Ag2Cu2O3 com 53,4% Ag, 33,0% Cu e 12,3%.

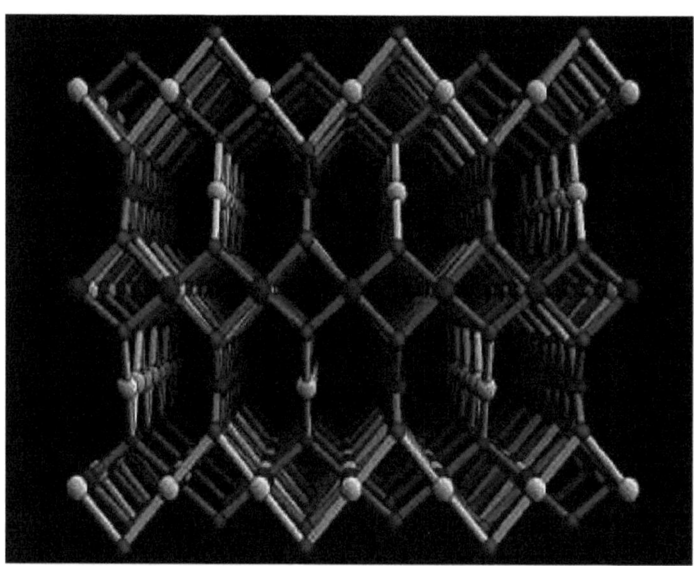

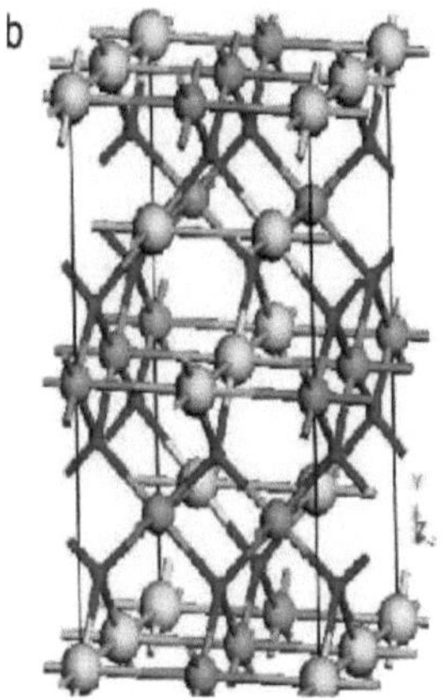

Figura 1.3 Estrutura e célula unitária do Ag2Cu2O3 [62]

O Ag2Cu2O3, também designado por óxido de cobre-prata, cristaliza numa estrutura tetragonal centrada no corpo, com grupo espacial I41, parâmetros de rede a = 5,8862 A° e c = 10,6892 A°, peso molecular de 390,85 g e volume de célula unitária de 370,35 A^3 [65]. A estrutura do Ag2Cu2O3 é constituída por cadeias alternadas de unidades CuO4 de plano quadrado e de cadeias em ziguezague de unidades AgO2 com iões de prata coordenados linearmente. Estas cadeias correm paralelamente a a e b consecutivamente à medida que nos movemos ao longo da direção c, como se mostra na Figura 1.3. Esta estrutura está relacionada com a do PdO, embora no Ag2Cu2O3 a prata esteja linearmente coordenada e a alternativa de Cu e Ag conduza a uma duplicação da célula unitária em todas as direcções do espaço. A coordenação dos metais é típica de Cu^{II} e Ag^{I}, mas existem várias caraterísticas únicas. Existem dois átomos de oxigénio não equivalentes (O1, ligado a dois átomos de Cu e dois de Ag e O2, ligado a quatro átomos de cobre). A coordenação planar quadrada do Cu^{II} sofre uma distorção rômbica simultânea com uma ligação Cu-O1 curta e uma ligação Cu-O2 mais longa. A ligação Ag-O1 (2,13 A°) é correspondentemente mais longa do que as formadas nos óxidos de prata com coordenação linear análoga (2,02 - 2,04 A°).

A deslocação de O1 para Cu^{II} e para longe de Ag^{I} é fácil de entender de um ponto de vista iónico simples e explica a estabilização térmica de Ag2Cu2O3 mencionada acima. A estrutura notável do Ag2Cu2O3 apresenta-se de forma tridimensional, correspondendo à separação Ag-Cu de 2,9429 A^0 (a/2). Tal como no YBa2Cu3O6, estes túneis com restrições metálicas podem ser os mais adequados para a difusão de espécies de oxigénio. Os túneis conduzem diretamente a sítios de oxigénio vagos, que poderiam eventualmente ser ocupados com oxigénio concomitante de Ag^{I} (linear) e Ag^{III} (quadrado planar). Da mesma forma, a estrutura poderia facilmente suportar a eliminação de um átomo de oxigénio (O2) com a redução simultânea de Cu^{II} (quadrado planar) para Cu^{I} (linear). Esta rica química de cristais redox no estado sólido deverá conduzir a uma fase electroactiva muito interessante.

O Ag2Cu2O4 apresenta uma estrutura em camadas, em comparação com o Ag2Cu2O3, em que a rede de cobre e a rede de prata estão totalmente interligadas e cruzadas em todas as direcções. A estrutura cristalina e a célula unitária do Ag2Cu2O4 são mostradas na Figura 1.4. Apresenta uma estrutura tetragonal de corpo centrado com grupo espacial C2/m [64], peso molecular de 406,83 g, volume de 944,36 A^3 e parâmetros de rede de a = 6,0540 A°, b = 2,7999 A° e c = 5,8500 A° e β = 107,7° [64]. As distâncias de ligação observadas estão dentro dos valores esperados do ponto de vista químico com distâncias Cu-O (1,827 e 2,703 A°) um pouco menores do que as relatadas para Ag2Cu2O3 (1,906 e 1,988 A°) e distância Ag-O de 2.25 A° um pouco maior do que as relatadas para AgO (2,02 e 2,16 A°) e Ag2Cu2O3 2,07 A° [69,76-78], Ag2Cu2O4 acaba por ser mais denso do que o precursor Ag2Cu2O3 (7,16 versus 7,01 g/cm^3), apesar do facto de se tratar de uma estrutura 2D. Este facto pode estar relacionado com a diminuição dos ângulos Cu-O-Ag em cerca de 12° (de 116,6 para 104,8°).

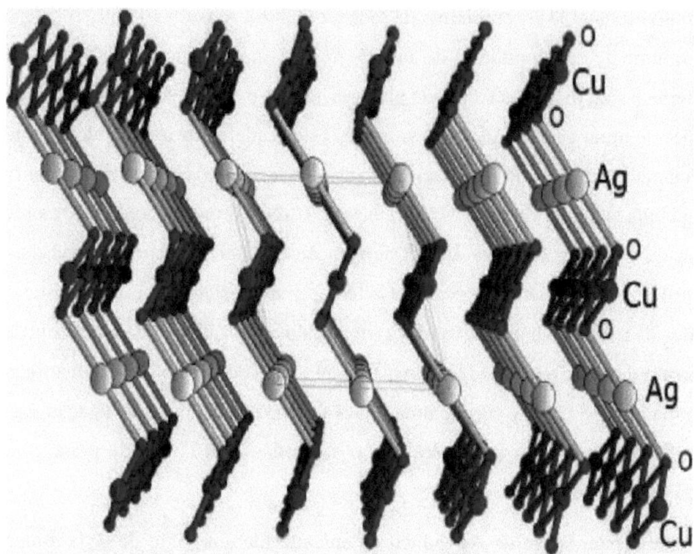

Figura 1.4 Estrutura cristalina do Ag2Cu2O4 [63]

O AgCuO2 [68] contém prata numa coordenação linear com o oxigénio. A estrutura cristalina e a célula unitária do AgCuO2 são mostradas na Figura 1.5. Apresenta uma estrutura tetragonal de corpo centrado com grupo espacial C2/m, peso molecular de 203,41 gramas, volume de 95,32 A^3 e parâmetros de rede de a = 6,0757 Ao, b = 2,8088 Ao e c = 5,8728 Ao e β = 107,9° [68]. O comprimento da ligação Ag-O 2,178 A° e o ângulo O-Ag-O 180° são os esperados para a prata monovalente. O cobre é rodeado por quatro oxigénios de forma retangular. Como os comprimentos de ligação (1,871/1,873 A°) são comparáveis aos encontrados no NaCuO2 (1,839 A°), o estado de oxidação de 3^+ pode ser atribuído ao cobre. As unidades CuO4 estão ligadas através de arestas comuns em transposições, formando assim cadeias de revestimento em forma de escada. Como consequência do tipo de conetividade, o espaçamento O-O nas arestas de ligação é contraído para 2,461 A° e os ângulos O-Cu-O correspondentes são reduzidos para 82,93°, em comparação com 2,806 A° e 97,07° para o caso sem ligação.

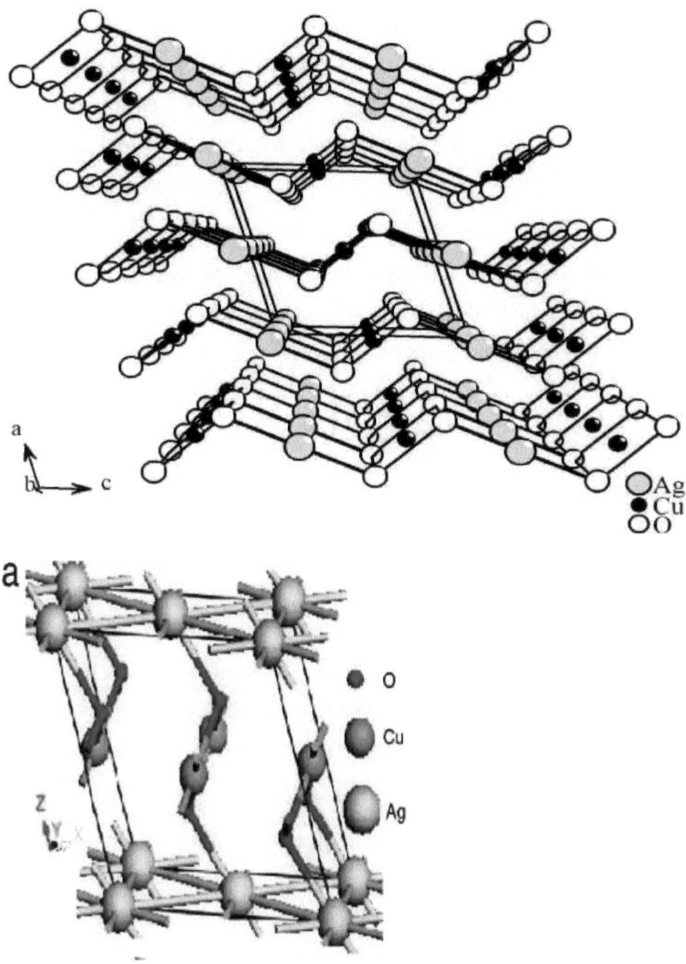

Figura 1.5 Estrutura cristalina e célula unitária do $AgCuO2$ [68]

1.5. Pesquisa bibliográfica sobre películas de óxido de cobre e prata

Pierson et al. [79] depositaram películas de óxido de cobre-prata em substratos de vidro por pulverização catódica magnetrónica RF de um alvo composto de Cu-Ag, variando o caudal de oxigénio e a composição do alvo. Foram sintetizados três tipos de óxidos de prata-cobre $Ag_xCu_{2-x}O$, $Ag_xCu_{4-x}O_3$ e $Ag_{1-x}Cu_{1+x}O_2$. Os parâmetros de deposição afectaram a natureza da fase depositada e as suas composições metálicas com o caudal de oxigénio e a composição do alvo. Com uma taxa de fluxo de oxigénio baixa, a fase $Ag_2Cu_{2-x}O$ cresceu; enquanto que para crescer $Ag_{1-x}Cu_{1+x}O_2$ foi necessária uma taxa de fluxo de oxigénio elevada. A estrutura semelhante à paramelaconite foi sintetizada utilizando valores intermédios de taxas de fluxo de oxigénio. Para cada estrutura, o número de limalhas de prata incorporadas na zona de erosão do alvo de cobre influenciou o teor de prata das películas. O intervalo de banda ótica das películas Ag0.18Cu1.820 com 1,8 µm de espessura foi de 2,09 eV. As películas Ag0.18Cu1.820 e Ag0.38Cu3.62O3 eram semicondutores do tipo p com uma energia de ativação aparente de 0,10 e 0,17 eV, respetivamente. As películas de Ag0,6Cu1,4O2 apresentaram uma condução do tipo metálico com um coeficiente de resistência à temperatura próximo de $3{,}6\times10^{-4}\ K^{-1}$.

Pierson e Horwat [80] depositaram filmes Ag-Cu-O em substrato de vidro por cosputterização reactiva de alvos de cobre e prata de 50 mm de diâmetro em misturas reactivas de Ar-O2. Durante a deposição, a taxa de fluxo de oxigénio e a corrente aplicada ao alvo de cobre (0,3 A) foram mantidas constantes, o único parâmetro de deposição que variou foi a corrente aplicada ao alvo de prata no intervalo de 0 - 0,16 A. A difração de raios X estudada revelou que, no caso da corrente do alvo de prata ser inferior a 0,10 A, os átomos de prata substituem alguns átomos de cobre numa estrutura semelhante à paramalaconite, formando um óxido de cobre-prata com as seguintes composições Ag0.6Ag3.4O3, Ag0.9Cu3.1O3 e Ag1.2Cu2.8O3. Quando a corrente alvo de prata foi maior ou igual a 0,10 A, os nanogrãos de prata metálica foram evidenciados por difração de raios X, indicando o crescimento de filmes bifásicos: prata metálica e óxido de prata-cobre com estruturas do tipo paramalaconite. Devido à ocorrência de nanogrãos de prata, a resistividade eléctrica desce para cerca de 5×10^{-4} Ωcm. As películas com compósitos de $Ag_{0.6}Ag_{3.4}O_3$ e $Ag_{1.2}Cu_{2.8}O_3$ apresentaram resistividades eléctricas de $7{,}3\times10^{(-1)}$ Ωcm e $2{,}5\times10^{(-1)}$ Ωcm, respetivamente.

Pierson et al. [81] depositaram as películas Ag-Cu-O em substrato de vidro por pulverização catódica de um alvo composto $Ag_{60}Cu_{40}$ em vários caudais de oxigénio na gama de 0 - 20 sccm e a um caudal constante de árgon de 30 sccm. O aumento do caudal de oxigénio conduziu a um aumento contínuo da concentração de oxigénio na película e da razão atómica Ag/Cu, que foi influenciada pelo caudal de oxigénio. Dependendo do caudal de oxigénio, foram observadas quatro estruturas por difração de raios X: solução sólida metaestável Ag-Cu-O, prata nanocristalina bifásica + Cu_2O nanocristalino, prata nanocristalina bifásica + $(Ag,Cu)_2O$ nanocristalino e amorfo de raios X. As medições de reflectância UV mostraram a ocorrência de prata metálica e ligas metálicas Ag-Cu nos filmes. A avaliação das estruturas das películas em função do caudal de oxigénio resulta da menor reatividade dos átomos de prata pulverizados com o oxigénio do que a dos átomos de cobre. A baixa resistividade eléctrica de $3{,}2\times10^{(-4)}$ Ωcm da película formada com um caudal de oxigénio de 6 sccm deve-se à baixa concentração de átomos de oxigénio (3,2 at.%). Com um caudal de oxigénio de 16 sccm, a resistividade eléctrica aumentou para $1{,}4\times10^{(-3)}$ Ωcm, enquanto as películas depositadas com caudais de oxigénio mais elevados apresentaram uma resistividade elevada de cerca de 3,5 - $5{,}5\times10^{(-2)}$ Ωcm devido à formação de películas de óxido amorfo de raios X.

Petitjean et al. [82] depositaram filmes de Ag2Cu2O3 em substratos de vidro de cal sodada por pulverização reactiva de um alvo composto de prata-cobre equiatómico ($Ag_{50}Cu_{50}$). As películas depositadas foram recozidas ao ar a 100, 200 e 300°C. As películas depositadas continham principalmente a fase Ag2Cu2O3 e uma fase desconhecida também evidenciada por difração de raios X. O recozimento ao ar a 100 °C não modificou nem a estrutura do filme nem a morfologia da superfície. Por outro lado, os filmes recozidos a 200 °C exibiram apenas o Ag2Cu2O3 e decompuseram-se parcialmente em Ag e CuO. A reação de decomposição foi concluída após o recozimento a 300°C. As películas depositadas e recozidas a 100 °C apresentam uma resistividade eléctrica de aproximadamente $1,5x10^{(-2)\,\Omega cm}$, enquanto a resistividade eléctrica das películas recozidas a 200 e 300°C foi de $3,0x10^{(-3)\,\Omega cm}$ e $4,0x10^{(-5)\,\Omega cm}$, respetivamente. A resistividade eléctrica das películas diminuiu com o aumento da temperatura de recozimento. A baixa resistividade no recozimento a 300°C sugere que a condutividade da película é controlada pelos grãos de prata metálica e pelo CuO que exibe uma elevada resistividade eléctrica.

Petitjean et al. [83] depositaram películas de Ag2Cu2O3 em substratos de vidro por pulverização catódica reactiva de um alvo composto de prata-cobre equiatómico ($Ag_{50}Cu_{50}$) com um caudal de oxigénio variável de 0 a 30 sccm. A análise XRD mostrou que a estrutura das películas depositadas pode ser dividida em três domínios. Com um caudal de oxigénio baixo, as películas eram bifásicas à base de prata/óxido de cobre, com um caudal de oxigénio intermédio, as películas eram amorfas aos raios X e com um caudal de oxigénio elevado, as películas continham uma fase cristalina ternária de óxido de prata-cobre e uma fase cristalina desconhecida.

As alterações estruturais nas películas Ag/Cu/O em função do teor de oxigénio induziram uma forte variação nas suas propriedades ópticas. Qualquer que seja a composição do alvo (isto é, alvo eutéctico de $Ag_{60}Cu_{40}$ e alvo equimolar de $Ag_{50}Cu_{50}$), a diminuição da quantidade de prata metálica nas películas resultou numa diminuição da reflectância da película no comprimento de onda de 600 nm [83, 84].

Tseng et al. [85] depositaram filmes de Cu_2O dopados com Ag com um teor de Ag variando de 0 a 50% em substratos de vidro, utilizando cosputtering magnetrónico DC de alvos de cobre e prata. A transmitância ótica dos filmes diminuiu com o aumento do teor de Ag, enquanto a resistividade diminuiu drasticamente devido à formação de fases Ag e Cu_2O. Foi demonstrado que a película Cu_2O-Ag (4 at. %) continha a coexistência das fases Ag_2O - Cu_2O, mais sensíveis à irradiação luminosa. A condutividade fotoinduzida e a intensidade da fotoluminescência diminuem com o aumento da temperatura de deposição para 300 °C. O aumento da corrente fotoinduzida para filmes Cu_2O- Ag (4 at.%) pode ser benéfico para a utilização em aplicações relacionadas com a optoelectrónica.

Feng et al. [86] efectuaram cálculos de primeiros princípios para investigar as propriedades eléctricas e ópticas do AgCuO2 e do $Ag_2Cu_2O_3$. A energia de coesão e as energias de formação calculadas são -

3,606 eV/átomo e -3,723 eV/átomo para Ag2Cu2O3 e AgCuO, respetivamente. O AgCuO2 indicou ser um material com um intervalo de banda estreito e útil como potencial material fotovoltaico. O Cu está no estado divalente no Ag2Cu2O3 e no estado trivalente no AgCuO2. O maior coeficiente de absorção de AgCuO2 foi de 3,32 x10^5 cm^{-1} no topo da área dos materiais fotovoltaicos e excede o valor de CuInSe2, CdTe, GaAs, etc.

Uthanna et al. [86] depositaram películas finas de Ag-Cu-O em substratos de vidro mantidos a várias temperaturas na gama de 303-523 K por pulverização catódica magnetrónica RF de alvos de prata-cobre em mosaico em uma pressão parcial de oxigénio de 2x10^{-2} Pa e uma pressão de pulverização de 4 Pa. As hipóteses sugeridas para descrever a estrutura da película são películas contendo Ag2Cu2O3, solução sólida de óxido à base de prata e um óxido de prata-cobre fcc. O aumento da temperatura do substrato induziu a decomposição das películas Ag-Cu-O numa mistura de prata metálica e óxido de cobre. As resistividades eléctricas das películas de óxido de prata e de óxido de cobre formadas a 303K foram de 3x10^{-3} e 29 Ωcm, respetivamente. A resistividade eléctrica das películas formadas com o alvo Ag70Cu30 a 303 K foi de 8,2 Ωcm e diminuiu para 2,4 Ω cm com o aumento da temperatura do substrato para 523 K devido a alterações estruturais nas películas. O intervalo de banda ótica das películas Ag-Cu-O formadas a 303 K aumentou de 1,60 para 1,95 eV com o aumento da razão atómica cobre-prata de 0,10 para 0,30 nas películas. O intervalo de banda ótica das películas formadas com o alvo Ag70Cu30 aumentou de 1,95 para 2,15 eV com o aumento da temperatura do substrato de 303 para 523 K, respetivamente.

Uthanna et al. [87] formaram películas de Ag2Cu2O3 em substratos de vidro mantidos à temperatura ambiente por pulverização catódica magnetrónica RF do alvo Ag70Cu30 sob diferentes pressões parciais de oxigénio e tensões de polarização do substrato. As películas depositadas a baixa pressão parcial de oxigénio de 5x10^{-3} Pa eram de fase mista de Ag2Cu2O3 e Ag. As películas monofásicas de Ag2Cu2O3 nanocristalino cresceram a 2x10^{-2} Pa com tamanho de cristalito de 12 nm e resistividade eléctrica de 8,2 Ωcm. O tamanho dos cristalitos das películas monofásicas melhorou com a aplicação da tensão de polarização do substrato até - 60 V. As películas formadas com uma tensão de polarização do substrato de - 60 V apresentam um tamanho de cristalito de 20 nm, uma resistividade eléctrica de 3,9 Ωcm e um intervalo de banda ótica de 2,02 eV.

Lund et al. [88] depositaram películas finas de Ag2Cu2O3 em substratos de vidro por pulverização catódica magnetrónica RF de um composto equiatómico Ag50Cu50 com várias potências de pulverização na gama de 50 - 250 W, taxas de fluxo de oxigénio na gama de 10 - 100 sccm e temperaturas do substrato na gama de 30 - 500°C. As melhores películas de Ag2Cu2O3 em termos de estequiometria e cristalografia foram obtidas com uma potência de pulverização de 100 W, caudais de oxigénio e árgon de 20 sccm (dando uma pressão de pulverização de 1,21 Pa) e uma temperatura de deposição de 250°C. Os espectros de transmitância ótica e de fotoluminescência das películas indicaram vários intervalos de banda, com destaque para um intervalo direto de cerca de 2,2 eV. A caraterização eléctrica revela concentrações e mobilidades de portadores de carga nas gamas de 10^{21}-10^{22} cm^{-3} e 0,01-0,10 cm^2/Vs, respetivamente.

Hari Prasad Reddy et al. [89] depositaram as películas finas de Ag-Cu-O num substrato de vidro por pulverização catódica com magnetrão RF de um alvo $Ag_{70}Cu_{30}$ a uma pressão parcial de oxigénio de $2x10^{-2}$ Pa, pressão de pulverização de 4 Pa e a diferentes temperaturas do substrato entre 303 e 548 K. Os filmes formados à temperatura ambiente eram $Ag_2Cu_2O_3$ nanocristalinos. A temperatura do substrato induziu o crescimento da fase mista de Ag2Cu2O3 e Ag2Cu2O4 na gama de temperaturas 348 - 473 K. A temperaturas mais elevadas, os filmes foram decompostos em prata e óxido de prata. A resistividade eléctrica das películas diminuiu de 8,2 para 0,6 Ωcm com o aumento da temperatura do substrato de 303 para 548 K devido à melhoria da cristalinidade e a alterações estruturais. O intervalo de banda ótica das películas de Ag-Cu-O aumentou de 1,95 para 2,15 eV com o aumento da temperatura do substrato de 303 para 523 K, enquanto a uma temperatura mais elevada de 548 K diminuiu para 2,11 eV.

1.6. Âmbito do presente trabalho

A pesquisa bibliográfica sobre as películas de Ag_2O e Ag-Cu-O indicou que as propriedades físicas das películas depositadas dependem criticamente da técnica de deposição de películas finas utilizada e dos parâmetros de processo mantidos para o crescimento das películas. Entre as técnicas de deposição de películas finas utilizadas para o crescimento destas películas, a técnica de pulverização catódica por magnetrão é um método potencial para produzir películas mais estáveis e de boa qualidade. É uma técnica praticada industrialmente para o crescimento de películas com elevadas taxas de deposição em substratos de grande área e a baixa temperatura de deposição. Assim, na presente investigação, foram efectuados estudos sistemáticos sobre a preparação de películas de óxido de prata (Ag_2O) e de óxido de prata dopado com cobre (Ag-Cu-O) utilizando o método de pulverização catódica por magnetrão RF e caracterizaram-se as películas depositadas quanto à composição química, energias de ligação do nível central, configuração da ligação química, estrutura cristalográfica e propriedades eléctricas e ópticas.

1.7. Objectivos do presente trabalho

Os principais objectivos das presentes investigações são os seguintes:

(a) Deposição de filmes de Ag_2O e Ag-Cu-O utilizando a técnica de pulverização catódica por magnetrão RF em diferentes condições de deposição, tais como pressão parcial de oxigénio, temperatura do substrato e tensões de polarização do substrato

(b) As películas depositadas foram caracterizadas através da utilização de técnicas analíticas adequadas para estudar a composição química, a configuração das ligações químicas, as energias de ligação do nível central, a estrutura cristalográfica, o tamanho dos cristalitos, a morfologia da superfície, a resistividade eléctrica e as propriedades ópticas.

(c) Otimização dos parâmetros de deposição, como a pressão parcial de oxigénio, a temperatura do substrato e as tensões de polarização do substrato, para produzir películas de boa qualidade.

Os estudos detalhados efectuados sobre a deposição de filmes de óxido de prata e óxido de prata dopado com cobre formados pelo método RF magnetron sputtering, a caraterização dos filmes depositados por técnicas adequadas e os resultados obtidos são apresentados na tese.

A importância dos filmes de óxidos metálicos em geral, e dos filmes de Ag_2O e Ag-Cu-O em particular, a revisão da literatura, o âmbito e o objetivo do presente estudo foram apresentados no primeiro capítulo.

O segundo capítulo dedica-se às técnicas experimentais utilizadas para a deposição de filmes de Ag_2O e Ag-Cu-O e aos métodos de caraterização utilizados para estudar o comportamento físico dos filmes depositados.

O terceiro capítulo abordou os resultados dos filmes de Ag_2O em relação à influência dos parâmetros de deposição, como a pressão parcial de oxigénio, a temperatura do substrato e a tensão de polarização do substrato, na estrutura cristalográfica e nas propriedades eléctricas e ópticas.

O quarto capítulo é dedicado aos resultados experimentais das películas de Ag-Cu-O e ao efeito dos parâmetros do processo, como a pressão parcial de oxigénio e a temperatura do substrato, na estrutura cristalográfica e nas propriedades eléctricas e ópticas.

No último capítulo, é apresentado um resumo dos resultados da investigação sobre as películas Ag_2O e Ag-Cu-O, bem como as conclusões retiradas do presente estudo e as possibilidades de estudo futuro.

Referências

[1] R.E. Smalley, MRS Bull, 30 (2005) 412.

[2] J.A. Palz, D. Campbell-Len Drum, T. Holloway e J.A. Foley, Nature, 438 (2005) 310.

[3] J.F.B. Mitchell, J. Lowe, R.A. Wood e M. Vellinga, Phil. Trans. R. Soc. A, 304 (2006) 2117.

[4] D.R. Sahu e J.L. Huang, Thin Solid Films, 515 (2006) 876.

[5] Y.S. Jung, Y.W. Choi, H.C. Lee e D.W. Lee, Thin Solid Films, 440 (2003) 278.

[6] M. Okada, M. Tazawa, P. Jin, Y. Yamada e K. Yoshimura, Vacuum, 80 (2006) 732.

[7] Y. Sato, R. Tokumaru, E. Nishimura, P.K. Song, Y. Shigesato, K. Utsumi e H. Iigusa,

J. Vac. Sci. Technol. A, 23 (2005) 1167.

[8] B.Y. Oh, M.C. Jeong, T.-H. Moon, W. Lee, J.M. Myoung, J. Appl. Phys., 99 (2006) 124505.

[9] Y. Toda, M. Miyakawa, K. Hayashi, T. Kamiya, M. Hirano e H. Hosono, Thin Solid Films, 445 (2003) 309.

[10] A. Azens, J. Isidorsson, R. Karmhag e C.G. Granqvist, Thin Solid Films, 422 (2002) 1.

[11] J.F. Pierson e C. Rousselot, Surf. Coat. Technol., 200 (2005) 276.

[12] J.F. Weaver e G.B. Hoflund, J. Phys. Chem, 98 (1994) 8519.

[13] M. Bielmann, P. Schwaller, P. Ruffieux, O. Groning, L. Schlapbach e P. Groning, Phys. Rev. B: Condens. Mater. Phys., 65 (2002) 235431.

[14] N. Yamamoto, S. Tonomura, T. Matsuoka e H. Tsubomura, Jpn. Jpn. Appl. Phys., 20 (1981) 721.

[15] B.J. Murray, Q. Li, J.T. Newberg, E.J. Menke, J.C. Hemminger e R.M. Penner, Chem. Mater., 17 (2005) 6611.

[16] E. Tselepis e E. Fortin, J. Mater. Sci., 21 (1986) 985.

[17] B.E. Breyfogle, C. Hung, M.G. Shumsky e J.A. Switzer, J. Electrochem. Soc., 143 (1996) 2741.

[18] D. F. Smith e C. Brown, J. Power Sources, 96 (2001) 121.

[19] L.A. Peyser, A.E. Vinson, A.P. Barkto e R.M. Dickson, Science, 291 (2001) 103.

[20] H. Fuji, J. Tominaga, L. Men, T. Nakano, H. Katayama e N. Atoda, Jpn. Jpn. Appl. Phys., 39 (2000) 980.

[21] J. Kim, H. Fugi. Y. Yamakama, T. Nakano, D. Buchel, J. Tominaga e N. Atoda, Jpn. J. Appl. Phys., 40 (2001) 1634.

[22] J. Tominaga, J. Phys. Condens. Mater., 15 (2003) R 1101.

[23] M. Fujimaki, K. Awazu, J. Tominaga e Y. lwanabe, J. Appl. Phys., 100 (2006) 074303.

[24] D. Buchel, C. Mihalcea, T. Fukaya, N. Atoda, J. Tominaga, T. Kikukawa e H. Fuji, Appl. Phys. Lett., 79 (2001) 620.

[25] Y.C. Her, Y. Lan, W.C. Hsu e S. Tsai, J. Appl. Phys., 96 (2004) 1283.

[26] M.S. Antelman, Patente dos EUA (1993) 5.211.855.

[27] B.E. Breyfogle, C. Hung, M.G. Shumsky e J.A. Switzer, J. Electrochem. Soc., 143 (1996) 2741.

[28] L.H. Tjeng, M.B.J. Meinders, J. van Elipp, J. Ghijsen, G,A, Sawatzky e R.L. Johnson, Phys.

Rev. B., 41 (1990) 3190.

[29] V. Scatturin, P.L. Bellon e A.J. Salkind, J. Electrochem. Soc., 108 (1961) 819.

[30] E. Tselepis e E. Fortin, J. Mater. Sci., 21 (1986) 985.

[31] A.J. Varkey e A.F. Fort, Solar Energy Mater. Solar Cells, 29 (1993) 253.

[32] J.F. Weaver e G.B. Hoflund, Chem. Mater., 6 (1994) 1693.

[33] L.A.A. Pettersson e P.G. Snyder, Thin Solid Films, 270 (1995) 69.

[34] A.A. Schmidt, J. Offermann e R. Anton, Thin Solid Films, 281-282 (1996) 105.

[35] G.B. Hoflund, Z F. Hazos e G.N. Salatia, Phys. Rev. B, 62 (2000) 11126.

[36] X. Yuqing, L. Liming, L. Weigang, Y. Dequan e D. Doan, Mater. Sci. Eng. B, 79 (2001) 68.

[37] G.I.N. Waterhouse, G.A. Bowmaker e J.B. Metson, Phys. Chem. Chem. Phys., 3 (2001) 3838.

[38] Y. Chiu, U. Rambabu, M.H. Hsu, H.P.D. Shieh, C.Y. Chen e H.H. Lin, J. Appl. Phys., 94 (2003) 1996.

[39] T. Shima e J. Tominaga, J. Vac. Sci. Technol. A, 21 (2003) 634.

[40] R. Snyders, M. Wautelet, R. Gouttebaron, J. P. Dauchot e M. Hecq, Surf. Coat. Technol., 174-175 (2003) 1282.

[41] U.K. Barik, S. Srinivasan, C.L. Nagendra e A. Subramanyam, Thin Solid Films, 429 (2003) 129.

[42] X.Y. Gao, S.Y. Wang, J. Li, Y.X. Zheng, R.J. Zhang, P. Zhou, Y.M. Yang e L. Y. Chen, Thin Solid Films, 455-456 (2004) 438.

[43] F.X. Bock, T.M. Christensen, S.B. Rivers, L.D. Doucette e R.J. Lad, Thin Solid Films, 468 (2004) 57.

[44] Y. Abe, T. Hasegawa, M. Kawamura e K. Sasaki, Vacuum, 76 (2004) 1.

[45] A.V. Kolobov, A. Rogalev, F. Wilhelm, N. Jaouen, T. Shima e J.Tominaga, Appl. Phys. Lett., 84 (2004) 1641.

[46] J.F. Pierson, D. Wiederkehr e A. Billard, Thin Solid Films, 478 (2005) 196.

[47] J.F. Pierson e C. Rousselot, Surf. Coat. Technol., 200 (2005) 276.

[48] T. Arai, C. Rockstuhl, P. Fons, K. Kurihara, T. Nakano, K. Awazu e J. Tominaga, Nanotechnology, 17 (2006) 79.

[49] S.B. Rivers, G. Bernhardt, M.W. Wright, D.J. Frankel, M.M. Steeves e R.J. Lad, Thin Solid

Films, 515 (2007) 8684.

[50] M.F. Al-Kuhaili, J. Phys. D: Appl. Phys., 40 (2007) 2847.

[51] X.Y. Gao, X.W. Liu, S.Y. Wang, Y.F. Liu, Q.G. Lin e J.X. Lu, Chin. Phys. Lett., 25 (2008) 1449.

[52] D. Dellasega, A. Facibeni, F.D. Fonzo, V. Russo, C. Conti, C. Ducati, C.S. Casari, A. Li Bassi e C.E. Bottani, Appl. Surf. Sci., 255 (2009) 5248.

[53] N. Ravi Chandra Raju, K. Jagadeesh Kumar e A. Subrahmanyam, J. Phys. D: Appl. Phys., 42 (2009) 135411.

[54] X.Y. Gao, H.L. Feng, J.M. Ma, Z.Y. Zhang, J.X. Lu, Y.S. Chen, S.E. Yang e J.H. Gu, Physica B, 405 (2010) 1922.

[55] X.Y. Gao, H.L. Feng, Z.Y. Zhang, J.M. Ma e J.X. Lu, Chin. Phys. Lett., 27 (2010) 026804.

[56] S.Wu, F. Zhang e G. Tian, Optik, 122 (2011) 1.

[57] H.L. Feng, X.Y. Gao, Z.Y. Zhang e J.M. Ma, J. Korean Phys. Soc., 56 (2010) 1176.

[58] X.Y. Gao, M.K. Zhao, Z.Y. Zhang, C. Chen, J.M. Ma e J.X. Lu, hin Solid Films, 519 (2011) 6620.

[59] . X.Y. Gao, Z.Y. Zhang, J.M. Ma, J.X. Lu, J.H. Gu e S.E. Yang, Chin. Phys. B, 20 (2011) 026103.

[60] J.M. Ma, Y. Liang, X.Y. Gao, Z.Y. Zhang, C. Chen, M.K. Zhao, S.E. Yang, J.H. Gu, Y.S. Chen e J.X. Lu, Chin. Physica B, 20 (2011) 056102.

[61] A. Sanson, Solid State Commun, 151 (2011) 1452.

[62] P. Gomez-Romero, E.M. Tejada-Rosales e M. Rosa-Palacin, Angew. Chem. Int. Ed., 38 (1999) 524.

[63] D. Munoz-Rojas, J. Oro, P. Gomez-Romero, J. Fraxedas e N. Casan-Pastor, Electrochem. Commun., 4 (2002) 684.

[64] D. Munoz-Rojas, J. Fraxedas, J. Oro, P. Gomez-Romero e N. Casan-Pastor, Cryst. Eng., 5 (2003) 459.

[65] D. Munoz-Rojas, J. Fraxedas, P. Gomez-Romero e N. Casan-Pastor, Solid State Phys., 178 (2005) 295.

[66] K. Adelsberger, J. Curda, S. Vensky e M. Jansen, J. Solid State Chem, 158 (2001) 82.

[67] E.M. Tejada - Rasales, J. Rodriguez - Carvajal, M.R. Placin e P. Gomez - Romero, Mater. Sci.

Forum, 378 (2001) 606.

[68] J. Curda, W. Klein e M. Jansen, J. Solid State Chem, 162 (2001) 220.

[69] J. Curda, W. Klein, H. Liu e M. Jansen, J. Alloys. Compounds, 338 (2002) 99.

[70] C.D. May e J.T. Vaughey, Biochem. Commun, 6 (2004) 1075.

[71] T.W. Jones, J.S. Forrester, A. Hamilton, M.G. Rose e S.W. Donne, J. Power Sources, 172 (2007) 962.

[72] http://ip.com/patapp/US20030207174

[73] F. Sauvage, D. Munoz-Rojas, K.R. Poeppelmeier, e N. Casan-Pastor,

J. Solid State Chem, 182 (2009) 374.

[74] J. Feng, B. Xiao, J.C. Chen, C.T. Zhou, Y.P. Du e R. Zhou, Solid State Commun, 149 (2009) 1569.

[75] S. Ondono- Castillo, P. Gomez-Romero, A. Fuertes e N. Casan-Pastor, Mater. Sci. Forum, 152 (1994) 193.

[76] A.T. Yamamoto, K. Isawa, I. Itoh, S. Adachi e H.Yamauchi, Physica C, 216 (1993) 250.

[77] B. Standka e M. Jansen, Angew Chem, 98 (1986) 78.

[78] P. Gomez-Romero, E. Tajeda-Rosales e M. Rosa-Palacin, Angew. Chem.,111 (1999) 544.

[79] J.F. Pierson, D. Wiederkehr, J-M. Chappe e N. Martin, Appl. Surf. Sci., 253 (2006) 1484.

[80] J.F. Pierson e D. Horwat, Appl. Surf. Sci., 253 (2007) 7522.

[81] J.F. Pierson, E. Rolin, C. Clement-Gendarme, C. Petitjean e D. Horwat, Appl. Surf. Sci., 254 (2008) 6590.

[82] C. Petitjean, D. Horwat e J.F. Pierson, Appl. Surf. Sci., 255 (2009) 7700.

[83] C. Petitjean, D. Horwat e J.F. Pierson, J. Phys. D: Appl. Phys., 42 (2009) 025304.

[84] J.F. Pierson, C. Petitjean, D. Horwat, Plasma Process. Polymers, 6 (2009) 399.

[85] C.C. Tseng, J.H. Hsieh, S.J. Liu, W. Wu, Thin Solid Films, 518 (2009) 1407.

[86] S. Uthanna, M. Hari Prasad Reddy, P. Boulet, C. Petitjean e J.F. Pierson, Phys. Stat. Solidi (a), 207 (2010) 1655.

[87] S. Uthanna, M. Hari Prasad Reddy e J.F. Pierson, Int. J. Nanoscience, 10 (2011) 653.

[88] E. Lund, A. Galeckas, E.V. Monakhov, B.G. Svensson, Thin Solid Films, 520 (2011) 230.

[89] M. Hari Prasad Reddy, P. Narayana Reddy, B. Sreedhar, J.F. Pierson e S. Uthanna, Physica Scripta, 84 (2011) 045602.

CAPÍTULO - II TÉCNICAS EXPERIMENTAIS

A pulverização catódica é amplamente utilizada na indústria de semicondutores para a deposição de películas finas de vários materiais no processamento de circuitos integrados. Os revestimentos antirreflexo finos em vidro de grande área, que são úteis para aplicações ópticas, são também depositados por pulverização catódica. Devido às baixas temperaturas do substrato utilizadas, a pulverização catódica é um método ideal para depositar metais de contacto para transístores de película fina. Esta técnica é também utilizada para fabricar sensores de película fina, dispositivos fotovoltaicos (células solares), cantilevers metálicos e interligações, etc. O enorme progresso nos dispositivos electrónicos de estado sólido não teria sido possível sem o desenvolvimento de novos compostos, processos de deposição de películas finas, caraterísticas melhoradas das películas e qualidades superiores das películas. A tecnologia de deposição de películas finas continua a sofrer rápidas alterações que conduzirão ao desenvolvimento de dispositivos electrónicos mais complexos e avançados no futuro. Foi desenvolvida uma grande variedade de técnicas de deposição para preparar películas finas de diferentes materiais [1-6]. As propriedades e aplicações de uma película fina dependem do seu processo de preparação, como o método de deposição e as condições de deposição, como o vácuo, a velocidade de deposição, a temperatura do substrato, o material de origem, a distância entre a fonte e o substrato e a pressão parcial dos gases residuais mantidos durante a deposição. Após a deposição da película fina, a caraterização física e química é também muito importante para obter as propriedades necessárias para a aplicação do dispositivo. As propriedades físicas das películas depositadas dependem fortemente dos parâmetros de deposição. O controlo preciso dos parâmetros de deposição permite obter películas com as propriedades específicas necessárias para a aplicação em qualquer dispositivo.

Este capítulo aborda as várias técnicas de película fina para o crescimento de películas de óxido e as técnicas de caraterização utilizadas para a análise das películas depositadas. A técnica de RF magnetron sputtering foi utilizada para a preparação de películas finas de óxido de prata e de óxido de prata dopado com cobre.

As películas finas de óxido de prata foram depositadas através de várias técnicas de deposição de películas finas, tais como a oxidação térmica de películas de prata [7, 8], a evaporação térmica [9], a deposição por laser pulsado [10, 11], o processo solgel [12], a deposição química de vapor [13], a eletrodeposição [14], a pulverização catódica DC [15-20] e a pulverização catódica RF [21-33]. A primeira síntese de $Ag2Cu2O3$ em pó foi registada por Gomez-Romero et al. [34] em 1999, utilizando o método de co-precipitação. Munoz-Rojas et al. [35] fizeram crescer monocristais de $Ag2Cu2O4$ pelo processo de oxidação eletroquímica da suspensão do precursor $Ag2Cu2O3$. A influência da potência aplicada aos alvos de pulverização de cobre e prata em co-sputtering [36], e sputtering com alvos compostos de $Cu_{50}Ag_{50}$ [37,38], $Cu_{60}Ag_{40}$ [39,40] e $Ag_{70}Cu_{30}$ [41-

43] Foi estudada a influência da tecnologia de RF nas propriedades estruturais, eléctricas e ópticas de películas de óxido de cobre e prata formadas por pulverização catódica reactiva. Entre as várias técnicas de deposição de películas finas, a pulverização magnetrónica reactiva por RF é uma das técnicas mais úteis para a preparação de películas finas. A pulverização catódica tornou-se uma das técnicas mais versáteis na tecnologia de películas finas, uma vez que é um método praticado industrialmente para o crescimento de películas em substratos de grande área para aplicações em dispositivos. Utilizando técnicas de pulverização catódica, quase todos os materiais podem ser cultivados sob a forma de película fina. As principais vantagens do processo de pulverização catódica são as seguintes

(i) Espessura uniforme de películas depositadas em substratos de grande área.

(ii) Boa aderência ao suporte.

(iii) Não há aquecimento direto do material.

(iv) Não há reação entre o material pulverizado e a fonte.

(v) Melhor reprodutibilidade das películas.

(vi) Capacidade de depositar e manter a estequiometria da composição do alvo inicial e, se necessário, películas de composições diferentes das do alvo de pulverização catódica, incorporando qualquer gás reativo juntamente com o gás de pulverização catódica de árgon.

(vii) Relativamente simples no controlo da espessura da película.

(vii) Crescimento estequiométrico de películas de ligas e compostos.

2.1. Processo de pulverização catódica

A pulverização catódica foi observada pela primeira vez num tubo de descarga de corrente contínua por Grove [44]. O processo de pulverização catódica consiste no bombardeamento do material alvo por iões de gás inerte pesados e de movimento rápido provenientes do plasma. O bombardeamento de iões de gás inerte faz com que os átomos sejam ejectados do material alvo por transferência de momento entre os iões em colisão e os átomos do alvo. O momento dos iões incidentes é transferido para os átomos do material alvo, o que leva à ejeção de um átomo da superfície. A Figura 2.1a mostra os diagramas esquemáticos do processo de pulverização catódica e da deposição de películas.

Os iões positivos de um gás inerte como o árgon atingem o alvo e removem os átomos da superfície do alvo, acabando por se condensar como uma película fina no substrato. Os electrões são também emitidos do alvo pelo bombardeamento iónico e são acelerados em direção à plataforma do substrato, quando colidem com os átomos do gás. Estes electrões ajudam a manter a descarga incandescente.

Se a pressão do gás for demasiado baixa

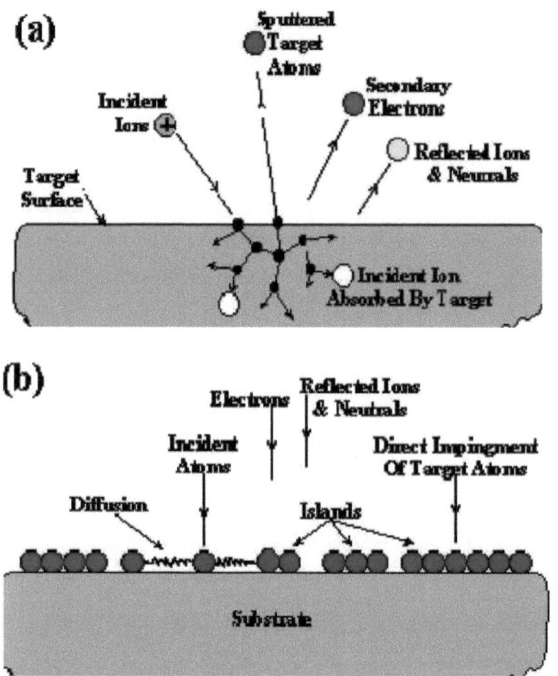

Figura 2.1 Diagramas esquemáticos; (a) processo de pulverização catódica no alvo e (b) formação de película no substrato (Mannan Ali, 1999)

ou a distância entre o cátodo e o ânodo for demasiado pequena, os electrões secundários não podem sofrer colisões ionizantes suficientes antes de atingirem o ânodo; por outro lado, se a pressão e/ou a separação forem demasiado grandes, os iões gerados são abrandados por colisões inelásticas e, quando atingem o alvo, não terão energia suficiente para produzir electrões secundários. Os processos básicos que ocorrem na superfície do substrato são mostrados na Figura 2.1b. A mobilidade dos átomos incidentes que chegam ao substrato depende dos parâmetros do processo de pulverização catódica, tais como a pressão de pulverização, a potência de pulverização, a temperatura do substrato, a tensão de polarização do substrato, a distância entre o alvo e o substrato e a limpeza do substrato. Existem várias formas de melhorar o processo de pulverização catódica. São elas a pulverização por corrente contínua (CC), a pulverização por radiofrequência (RF), a pulverização por magnetrão, a pulverização reactiva, etc. Uma forma comum de o fazer é utilizar o chamado sistema de pulverização catódica por magnetrão.

2.2. Pulverização catódica por magnetrão

A tecnologia de pulverização catódica por magnetrão foi introduzida na década de 1930, principalmente por Penning [45]. Esta tecnologia registou progressos significativos desde o seu desenvolvimento e foi substancialmente modificada por Pennfold e Thornton [46] para a deposição a alta velocidade de películas de metais, semicondutores e dieléctricos. Taxas de deposição elevadas a pressões de funcionamento mais baixas permitem obter películas de elevada qualidade a baixas temperaturas do substrato. A pulverização catódica planar por magnetrão foi introduzida em 1974 por Chappin [47], embora o princípio básico de um dispositivo de magnetrão planar tenha sido demonstrado em 1959 [48].

A pulverização catódica por magnetrão pode ser efectuada nos modos de funcionamento DC ou RF. A pulverização catódica em corrente contínua é efectuada com a pulverização catódica do alvo de materiais condutores. Se o alvo for um material não condutor (isto é, dielétrico), a carga positiva acumula-se no material, pelo que o processo de pulverização catódica termina. A pulverização catódica por radiofrequência pode ser utilizada tanto para alvos condutores como para alvos não condutores. Neste caso, são utilizados ímanes para aumentar a percentagem de electrões que participam na ionização dos acontecimentos, aumentando assim a probabilidade de os electrões atingirem os átomos de árgon, aumentando o caminho livre médio dos electrões e, consequentemente, aumentando significativamente a eficiência da ionização.

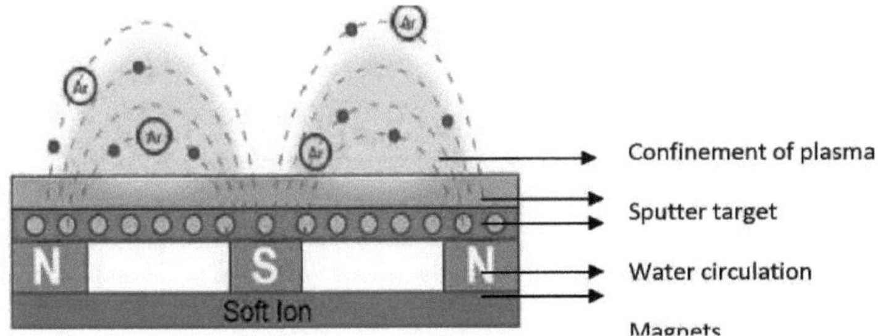

Figura .2.2 (a) Esquema da pulverização catódica por magnetrão

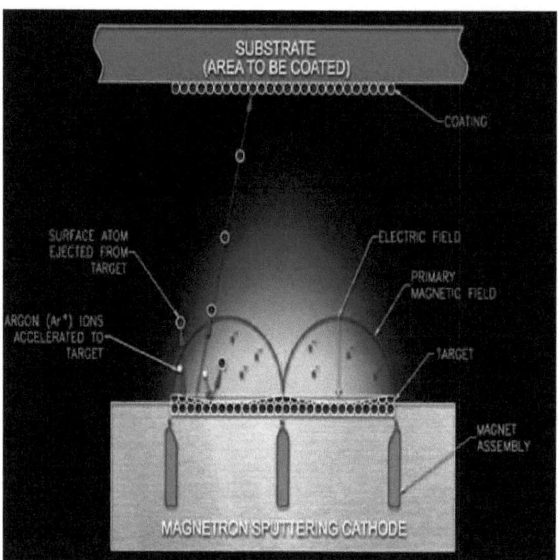

Figura 2.2 (b) Diagrama esquemático do processo de pulverização catódica por magnetrão

Esta tecnologia utiliza campos magnéticos para confinar a descarga incandescente que é o plasma à região mais próxima da placa alvo. Melhora a taxa de deposição ao manter uma maior densidade de iões, o que torna o processo de colisão de moléculas de gás de electrões muito mais eficiente. O princípio subjacente ao sistema de pulverização catódica por magnetrão é que o plasma é confinado a uma área onde o campo magnético é forte. A proximidade do plasma ao alvo provoca taxas de deposição mais rápidas, uma maior reposição de árgon e menos danos no substrato devido à interação com partículas dispersas. A Figura 2.2 apresenta um esquema do confinamento do plasma no alvo de pulverização catódica e da deposição de películas no substrato.

Na deposição por pulverização catódica, a taxa de pulverização depende diretamente do fluxo de iões e este, por sua vez, depende da densidade de iões no plasma. A utilização de um campo magnético tem como principal objetivo aprisionar os electrões perto do alvo de pulverização catódica, de modo a evitar não só que escapem para as paredes, onde causarão perdas de iões por recombinação, mas também que criem iões por impacto de electrões perto do alvo de pulverização catódica. A interação entre o campo magnético B e um eletrão com velocidade vetorial V é dada por

$$F = eV \times B \qquad \text{----- (2.1)}$$

em que F é a força, que está numa direção ortogonal aos vectores campo magnético e V, a velocidade do eletrão. Em consequência, há uma forte tendência para o eletrão se deslocar em movimento helicoidal perto da superfície do alvo, quando a intensidade do campo magnético e a velocidade do eletrão são grandes. Através deste meio de reforço magnético, o fluxo de iões pode ser aumentado para várias dezenas de miliamperes por centímetro quadrado, o que aumenta a taxa de deposição. Os ímanes permanentes, como as ferrites de bário e de estrôncio, a liga de alumínio-níquel-cobalto e os ímanes de samário-cobalto de terras raras, têm sido amplamente utilizados. A condição básica para a escolha dos ímanes é que a componente transversal do campo magnético em frente do alvo se situe tipicamente entre 200 e 500 Gauss, embora o campo magnético limite para conseguir uma descarga magnetrónica seja tão baixo como 90 Gauss [49]. Um campo magnético mais elevado resultará numa diminuição da pressão de pulverização. A elevada densidade da corrente de descarga para o cátodo do magnetrão conduz a um aquecimento excessivo do alvo e, por conseguinte, é necessário arrefecer o alvo de pulverização catódica.

A temperatura da superfície do alvo de 1 cm de espessura seria de 720°C para uma densidade de potência de 10 W/cm^2 [50]. Este facto constitui uma fonte adicional de aquecimento do substrato e pode ter efeitos prejudiciais para o alvo. O arrefecimento do alvo com água acabará por limitar a potência que pode ser dissipada e, consequentemente, a taxa de pulverização catódica que pode ser obtida. A maior parte da energia iónica que atinge o alvo é dissipada sob a forma de calor. Assim, é necessário um arrefecimento eficiente do alvo com água para o manter a baixas temperaturas. Caso contrário, podem ocorrer efeitos adversos, tais como a danificação do alvo; um alvo quente provocará também o aquecimento do substrato através da radiação térmica e a formação de gases.

A maioria das fontes de magnetrões funciona na gama de pressão de 100 a 5000 mPa e numa gama de potência RF de 0 a 600 W. As taxas de pulverização catódica são determinadas principalmente pela densidade da corrente de iões no alvo e as taxas de depósito são afectadas por factores como a potência aplicada, a distância entre a fonte e o substrato, o material do alvo, a pressão parcial, a pressão de pulverização catódica, a temperatura do substrato, etc.

A potência de pulverização determina principalmente a taxa do processo de deposição e, por conseguinte, o tempo que resta às partículas que chegam durante o processo de crescimento para difusão superficial e aglomeração nos centros de crescimento existentes ou para nucleação com outros adátomos. A tensão aplicada determina a energia máxima com que as partículas pulverizadas podem sair do alvo. As energias das partículas pulverizadas mostram a distribuição de energia entre 1 e 10 eV.

A pressão na câmara de pulverização determina o caminho livre médio, λ, para o material pulverizado, que é inversamente proporcional à pressão. Juntamente com a distância entre o alvo e o substrato, a pressão controla o número de colisões que ocorrem com as partículas no seu trajeto do alvo para o substrato. Isto pode influenciar a porosidade das películas, que por sua vez influenciam a cristalinidade e a textura. Utilizando uma mistura gasosa desejável de oxigénio e árgon, é possível controlar a estequiometria da deposição de películas de óxido de metal utilizando alvos de metal ou de óxido de metal.

A temperatura do substrato tem um forte impacto no comportamento de crescimento no que respeita à cristalinidade e densidade das películas. Pode ser ajustada entre a temperatura ambiente e 500°C (para substrato de vidro). Mas mesmo durante a pulverização catódica sem aquecimento externo, a temperatura do substrato pode aumentar consideravelmente, especialmente durante longos períodos de pulverização catódica para a deposição de películas espessas.

A polarização do substrato leva a uma aceleração da cinética de crescimento das películas. A tensão de polarização pode ser aplicada ao substrato até ±100 V, o que tem o efeito de direcionar as espécies ionizadas para o substrato ou de as manter afastadas, alterando a cinética de crescimento. A polarização dos substratos leva ao crescimento de películas cristalinas em substratos mantidos a temperaturas relativamente baixas. Isto leva à deposição de películas cristalinas em substratos sensíveis à temperatura, como os plásticos, que são muito úteis como substratos transparentes e flexíveis, que encontram aplicações potenciais na eletrónica transparente, onde são preparados circuitos invisíveis.

Normalmente, o substrato e a superfície alvo são paralelos um ao outro. A variação do ângulo de deposição (também a pulverização catódica sob incidência oblíqua) pode ser conseguida inclinando o substrato; deste modo, é possível obter uma nova direção preferencial para o crescimento da película e produzir películas potencialmente anisotrópicas. As principais vantagens da pulverização catódica por magnetrão são as seguintes: elevada taxa de pulverização devido ao confinamento do plasma próximo da superfície do alvo. A pulverização catódica pode ter lugar a uma baixa pressão de gás devido ao aumento do comprimento do percurso dos electrões no plasma e à prevenção da sua fuga, a elevada taxa de remoção de material do alvo ocorre quando as linhas do campo magnético são paralelas à superfície do cátodo e a utilização do alvo na maioria dos alvos magnetrónicos é de cerca de 30%.

2.3. Pulverização catódica reactiva

A pulverização catódica reactiva foi desenvolvida na década de 1950 por Westwood [51]. A pulverização reactiva consiste na pulverização de um alvo elementar na presença de um gás que irá reagir com o material alvo para formar um composto. A pulverização catódica reactiva tem merecido muita atenção, sobretudo nas últimas décadas, para o crescimento de películas compostas com base no gás reativo. É muito utilizada pelos fabricantes de revestimentos de vidro arquitetónico em rolo ou em banda, de ferramentas de corte revestidas, de revestimentos ópticos, de revestimentos decorativos e funcionais para artigos de canalização e de louça, de dispositivos microelectrónicos, de dispositivos de ondas acústicas de superfície e de óxidos condutores transparentes, etc. Num certo sentido, toda a pulverização catódica é reactiva porque há sempre gases residuais na câmara que reagem com as espécies pulverizadas. No entanto, na realidade, a pulverização reactiva ocorre quando um gás é propositadamente adicionado à câmara de pulverização para reagir com o material pulverizado. Os gases reactivos, como o oxigénio ou o azoto, são introduzidos no sistema juntamente com a pulverização do gás inerte árgon para depositar películas de óxido ou nitreto.

Quando um metal é pulverizado na presença de um gás reativo, os três locais possíveis em que ocorre a reação entre os átomos pulverizados e o gás reativo são (1) no alvo, (2) na fase gasosa e (3) na superfície do substrato. Quando a reação tem lugar na superfície do alvo, a formação de uma película isoladora sobre o alvo terminaria o processo se fosse utilizada uma descarga de corrente contínua, ou abrandaria frequentemente numa descarga de radiofrequência. A reação na fase gasosa conduz frequentemente a uma maior nucleação das moléculas resultantes, de modo a que o material chegue ao substrato em partículas grandes ou em pó, produzindo um revestimento de utilidade limitada. A forma normal de reação é na superfície do substrato. Para o fazer eficazmente, o processo deve ser bem controlado. A reação durante o transporte pode não ser possível devido aos efeitos de conservação do momento e da energia e, como tal, a localização mais provável é perto do substrato ou do alvo. A fase da película composta formada depende tanto da percentagem do gás reativo no ambiente de pulverização catódica como do campo aplicado E*, definido como

$$E^* = \text{Cathode voltage / Target to substrate distance x Pressure} \quad \text{----- (2.2)}$$

A importância de E* reside no facto de a energia dos iões negativos provenientes do cátodo ser supostamente proporcional a esse valor, influenciando assim fortemente o coeficiente de reemissão [52]. Por conseguinte, E* é importante para o controlo da fase específica cultivada.

Na pulverização reactiva, o alvo pode tornar-se isolante quando a taxa de pulverização é inferior à taxa a que os átomos de gás reativo atingem o alvo. Este fenómeno é frequentemente designado por envenenamento do alvo e conduz a efeitos indesejáveis, como a queda drástica da taxa de deposição e a extinção da própria descarga incandescente. No entanto, com o advento da pulverização catódica por magnetrão, a situação tornou-se bastante diferente. Devido à elevada taxa de deposição, a pressão crítica do gás reativo a que ocorre o envenenamento do alvo pode ser elevada. A consequência imediata deste facto é que a decomposição de a película depositada pode ser variada.

2.4. Sistema de pulverização catódica por magnetrão RF

Figura 2.3 Configuração experimental do sistema de pulverização catódica por magnetrão RF

Para a deposição das películas de Ag_2O e Ag-Cu-O foi utilizado um sistema de pulverização catódica reactiva por magnetrão desenvolvido no laboratório. A fotografia do sistema de pulverização catódica por magnetrão é apresentada na Figura 2.3. Consiste numa câmara de vácuo tipo caixa feita de aço inoxidável. O conjunto alvo do magnetrão está montado na placa superior, de modo a que a pulverização possa ser efectuada em modo "sputter down". Foi utilizado um magnetrão plano circular de 50 mm de diâmetro como cátodo do magnetrão [53]. O magnetrão foi concebido de forma a que dois ímanes permanentes em anel, feitos de cobalto samário, sejam mantidos concentricamente sob a placa alvo e sejam sempre arrefecidos a água. Os ímanes de samário-cobalto são revestidos com uma fina camada de verniz antes de serem fixados no alvo plano, para evitar a corrosão dos ímanes devido à circulação de água no interior do alvo. A câmara de vácuo é bombeada por uma bomba de difusão (300 litros/seg.), que é apoiada por uma bomba rotativa de acionamento direto (200 litros/min.). Um coletor de azoto líquido incorporado entre a câmara e a bomba de difusão minimizou a contaminação da câmara com vapores de óleo. O sistema proporciona um vácuo final de cerca de $2x10^{-4}$ Pa. Foi utilizado árgon puro como gás de pulverização e oxigénio como gás reativo. O gás oxigénio foi introduzido na câmara através da válvula de agulha e a pressão parcial de oxigénio necessária foi fixada e deixada estabilizar. Em seguida, introduziu-se árgon e manteve-se a pressão de pulverização necessária.

As taxas de fluxo dos gases árgon e oxigénio foram controladas individualmente por controladores de fluxo de massa Alborg (Modelo GFC-17). Como fonte de energia para a pulverização catódica, foi utilizada uma fonte de alimentação RF da Advanced Energy de 0 - 600 W, continuamente variável. Antes da deposição de cada película, o alvo foi pulverizado em atmosfera de árgon puro durante 15 minutos para remover eventuais camadas de óxido na superfície do alvo. Os substratos foram mantidos paralelos ao alvo a uma distância de 65 mm. Para controlar a temperatura do substrato, foi utilizado um termopar de cromalumínio colocado em contacto com a superfície do substrato. Um aquecedor controlado por retroação controla a temperatura do substrato. Os substratos foram mantidos à temperatura requerida com uma exatidão de ± 5°C.

2.5. Erosão do alvo e uniformidade da película

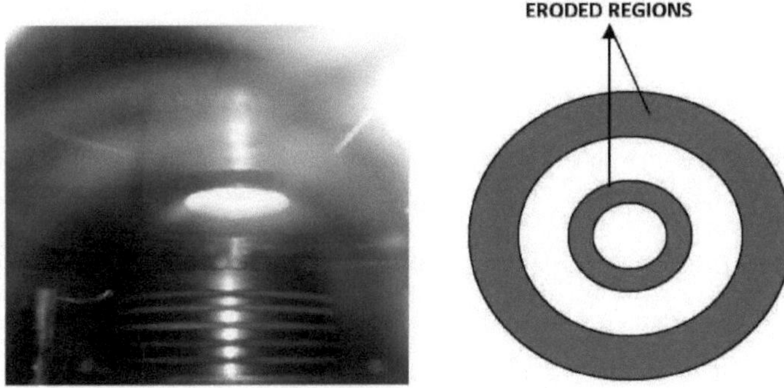

Figura 2.4 (a) Confinamento do plasma no alvo de pulverização catódica (b) Padrão de erosão do cátodo de magnetrão plano

A figura 2.4 mostra a câmara de pulverização, o confinamento do plasma no alvo e o padrão de erosão para o cátodo do magnetrão plano. O magnetrão plano comporta-se essencialmente como uma fonte em anel devido à forma do plasma confinado. Observou-se que a erosão tem lugar na região em que o campo magnético é paralelo à superfície do alvo.

2.6. Preparação de películas de Ag2O e Ag-Cu-O

O sistema de pulverização catódica reactiva por magnetrão RF desenvolvido no laboratório foi utilizado para a preparação de filmes de Ag2O e Ag-Cu-O. As películas de Ag2O e Ag-Cu-O foram preparadas sob várias pressões parciais de oxigénio, temperaturas do substrato e tensões de polarização do substrato. O sistema foi disposto numa configuração de pulverização catódica com um espaçamento entre o substrato e o alvo de 65 mm e foram utilizados substratos de vidro Corning 7059 como substratos.

2.7. Limpeza do substrato

A limpeza da superfície do substrato influencia principalmente o crescimento e a adesão da película. Estas, por sua vez, controlam fortemente as propriedades das películas finas, como a microestrutura, a topografia da superfície e outras propriedades eléctricas, ópticas e mecânicas. Além disso, um substrato meticulosamente limpo é um pré-requisito para a preparação de películas finas com propriedades repetíveis. Foram utilizados substratos de vidro Corning 7059 para a deposição de películas de Ag2O e Ag-Cu-O. O procedimento sistemático adotado para a limpeza dos substratos é descrito nos passos seguintes.

- Os substratos de vidro foram inicialmente limpos com uma solução de sabão suave
- Em seguida, lavar bem em água desionizada e também em água a ferver
- Os substratos foram limpos por ultra-sons durante 15 minutos na cuba de aço inoxidável do agitador de ultra-sons com tricolroetileno
- Os substratos foram então lavados com água destilada
- Os substratos foram montados num suporte especialmente concebido para o efeito e mantidos sobre um copo que contém álcool isopropílico
- O álcool é aquecido para que os substratos sejam limpos pelo processo de desengorduramento a vapor
- Finalmente, os substratos foram secos por sopro de ar quente e transferidos para a câmara de pulverização catódica.

2.8. Caracterização de películas finas

No presente estudo, foram efectuadas as seguintes medições de caraterização para avaliar as propriedades físicas das películas experimentais.

(i) Espessura da película

(ii) Energias de ligação do nível central

(iii) Configuração da ligação química

(iv) Estrutura cristalina

(v) Morfologia da superfície

(vi) Propriedades eléctricas

(vii) Propriedades ópticas.

2.8.1. Medição da espessura da película

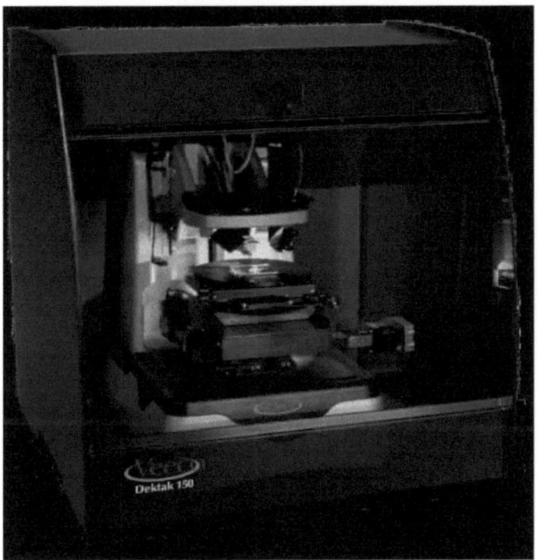

Figura 2.5 Fotografia do profilómetro de profundidade Veeco

A espessura das películas depositadas foi medida utilizando o perfilómetro de profundidade Veeco Dektak (modelo 150), como se mostra na Figura 2.5. Este aparelho é constituído por um captador, um sistema mecânico, uma unidade eletrónica e um dispositivo de registo. Mede a espessura fazendo passar a caneta sobre o bordo da película depositada, que é a película e o substrato. O substrato utilizado era geralmente liso em comparação com a espessura do depósito para uma melhor precisão. O movimento do estilete sobre a superfície da película dá um passo nítido para marcar a espessura das películas que será captada pelo elemento transdutor, amplificada e introduzida no dispositivo de registo. Medindo o passo e o fator de amplificação da altura, calcula-se a espessura real da película. A uniformidade da espessura das películas é verificada movendo a caneta em vários pontos da película.

2.8.1. Espectroscopia de infravermelhos com transformada de Fourier (FTIR)

Nesta investigação, a configuração da ligação química dos filmes depositados foi analisada com espetroscopia de infravermelhos com transformada de Fourier (FTIR) utilizando o espetrofotómetro Nicolet (modelo 5700 FTIR) (na gama de números de onda 400 - 1500 cm^{-1}). A fotografia do FTIR utilizado para analisar as películas é apresentada na Figura 2.6.

Figura 2.6 Fotografia do espetrofotómetro de infravermelhos com transformada de Fourier

O interferómetro produz um tipo único de sinal que tem todas as frequências de infravermelhos "codificadas" nele. O sinal pode ser medido muito rapidamente, normalmente na ordem de um segundo. Assim, o elemento de tempo por amostra é reduzido a uma questão de alguns segundos em vez de vários minutos. A maioria dos interferómetros utiliza um divisor de feixe que recebe o feixe de infravermelhos e o divide em dois feixes ópticos. Um feixe reflecte-se num espelho plano que está fixo no seu lugar. O outro feixe reflecte-se num espelho plano que se encontra num mecanismo que permite que este espelho se desloque a uma distância muito curta (normalmente alguns milímetros) do separador de feixes. Os dois feixes reflectem-se nos seus respectivos espelhos e são recombinados quando voltam a encontrar-se no separador de feixes. Uma vez que o caminho que um feixe percorre tem um comprimento fixo e o outro está constantemente a mudar à medida que o seu espelho se move, o sinal que sai do interferómetro é o resultado da "interferência" destes dois feixes. O sinal resultante é designado por interferograma, que tem a propriedade única de cada ponto de dados (uma função da posição do espelho em movimento) que compõe o sinal ter informação sobre todas as frequências de infravermelhos provenientes da fonte. Isto significa que, à medida que o interferograma é medido, todas as frequências estão a ser medidas simultaneamente. Assim, a utilização do interferómetro resulta em medições extremamente rápidas. Uma vez que o analista necessita de um espetro de frequência (uma representação gráfica da intensidade em cada frequência individual) para efetuar a identificação, o sinal do interferograma medido não pode ser interpretado diretamente. É necessário um meio de descodificar as frequências individuais. Isto pode ser conseguido através de uma técnica matemática bem conhecida chamada transformação de Fourier. Esta transformação é efectuada pelo computador, que apresenta então ao utilizador a informação espetral desejada para análise.

2.8.2. Espectroscopia Raman

Quando uma substância é irradiada com uma radiação monocromática potente, como um raio laser, a luz dispersa pela substância é constituída por frequências adicionais para além da frequência incidente. Este efeito é o conhecido efeito Raman. As frequências adicionais são devidas às vibrações e rotações das moléculas da substância que dispersa e são, portanto, caraterísticas da substância. Por outras palavras, medem-se estas frequências Raman e as suas intensidades para uma análise da substância que dispersa. Uma vez que os espectros de infravermelhos e Raman são regidos por regras de seleção diferentes, a informação obtida através da espetroscopia Raman complementa a informação obtida através dos espectros de infravermelhos no que diz respeito às vibrações em moléculas poliatómicas. As substâncias que não podem ser manipuladas no infravermelho (por exemplo, soluções aquosas, amostras biológicas, etc.) podem ser facilmente estudadas através da espetroscopia Raman.

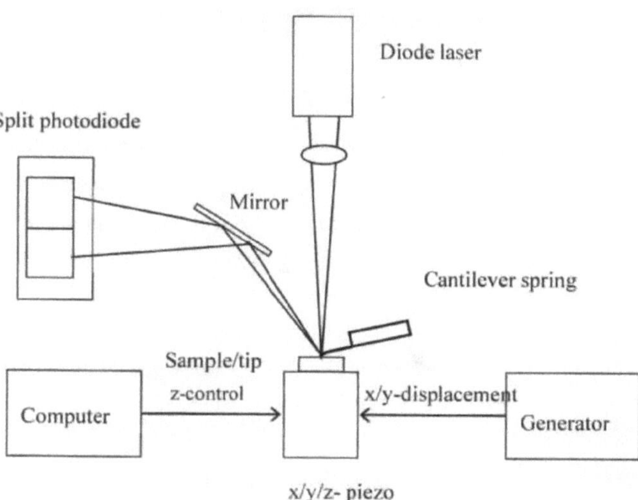

Figura 2.7 Diagrama de blocos da espetroscopia Raman

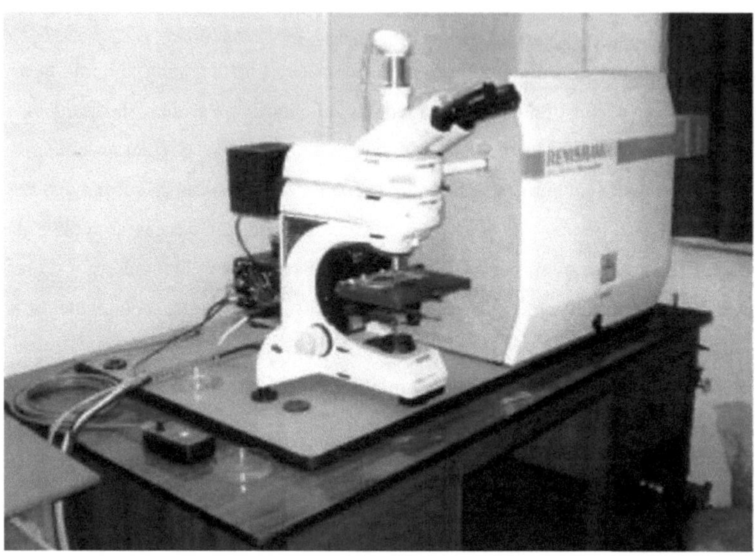

Figura 2.8 Fotografia do espetrómetro micro-Raman Renishaw in Via

O diagrama de blocos de um espetrómetro Raman é apresentado na figura 2.7. Os espectros Raman foram registados com um espetrómetro Renishaw in via micro-Raman utilizando um laser de árgon de 514 nm com uma precisão de 0,5 cm^{-1}. A fotografia do espetrómetro Raman é apresentada na figura 2.8. Os espectros foram registados com uma potência laser de ~ 25 mW sobre a amostra.

2.8.3. Espectroscopia de fotoelectrões de raios X (XPS)

A composição das películas experimentais foi analisada utilizando a espetroscopia de fotoelectrões de raios X (XPS). A espetroscopia de fotoelectrões de raios X, também conhecida por espetroscopia eletrónica para análise química (ESCA), é realizada através da irradiação de uma amostra com raios X moles monoenergéticos e da análise da energia dos electrões emitidos. O diagrama de blocos de um instrumento XPS é apresentado na figura 2.9. São normalmente utilizados raios X de Mg K_{α} (1253,6 eV) ou Al K_{α}(1486,6 eV).

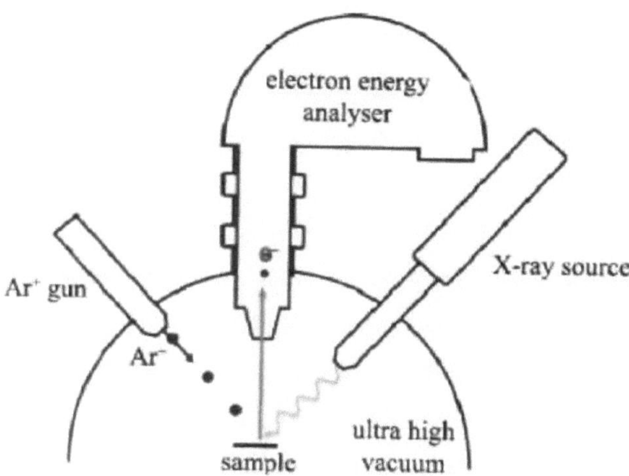

Figura 2.9 Diagrama de blocos do instrumento XPS

Estes fotões têm um poder de penetração limitado no sólido. Interagem com os átomos nesta região da superfície, provocando a emissão de electrões de acordo com o efeito fotoelétrico. Os electrões emitidos têm energias cinéticas dadas pela relação [54],

$$KE = h\nu - BE - q\phi_{sp} \qquad \text{------- (3)}$$

em que hv é a energia do fotão de raios X incidente, BE é a energia de ligação da orbital atómica de onde provém o eletrão e $q\varphi_{sp}$ a função de trabalho do espetrómetro. A energia cinética dos fotoelectrões que escapam limita a profundidade a partir da qual podem emergir, dando à XPS uma elevada sensibilidade superficial com uma profundidade de amostragem de alguns nanómetros. A fotografia do espetrómetro de fotoelectrões de raios X é apresentada na Figura 2.10. Os fotoelectrões são recolhidos e analisados pelo instrumento para produzir um espetro de intensidade de emissão versus energia de ligação dos electrões.

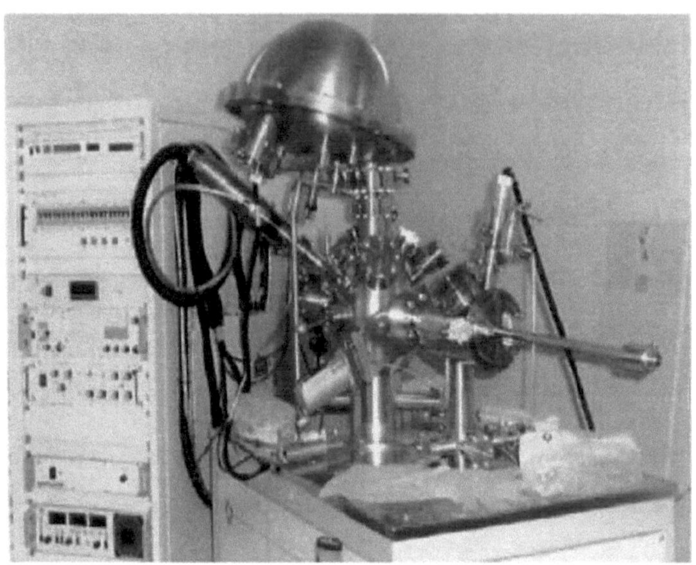

Figura 2.10 Fotografia do espetrómetro de fotoelectrões de raios X

Uma vez que cada elemento tem um conjunto único de energias de ligação, a XPS pode ser utilizada para identificar os elementos na superfície. Além disso, tomando a área sob o pico e os factores de sensibilidade, é possível quantificar a composição química da amostra. Pequenos desvios nestas energias de ligação (desvios químicos) fornecem informações importantes sobre os estados químicos e a química de curto alcance.

2.8.4. Análise de raios X por dispersão de energia (EDAX)

A análise EDAX significa análise de raios X por dispersão de energia. É uma técnica utilizada para identificar a composição elementar da amostra. O sistema de análise EDAX está ligado ou integrado no microscópio eletrónico de varrimento (SEM), (Figura 2.11) e não pode funcionar sozinho sem este último.

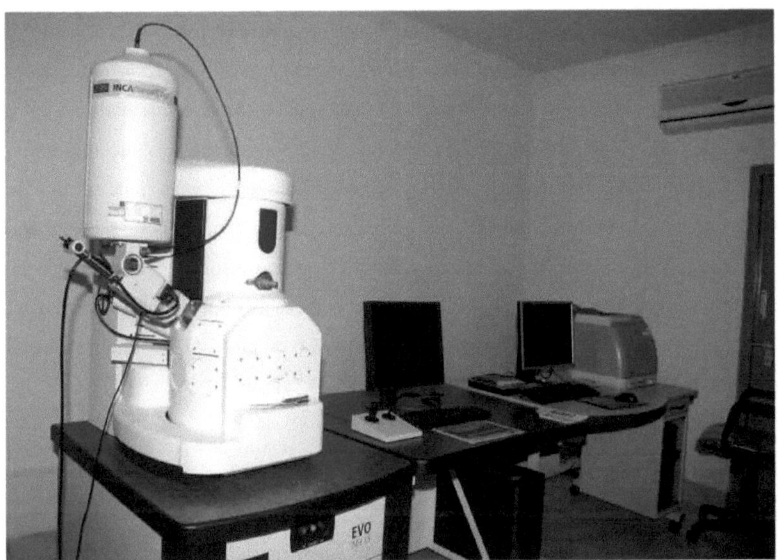

Figura 2.11 Fotografia do microscópio eletrónico de varrimento ligado ao EDAX

Na análise EDAX, a amostra é bombardeada com um feixe de electrões no interior do microscópio eletrónico de varrimento. Os electrões bombardeados colidem com os electrões dos átomos da amostra, derrubando alguns deles no processo. A posição desocupada por um eletrão da camada interna ejectado é eventualmente ocupada por um eletrão de maior energia de uma camada externa. O deslocamento de electrões do material alvo por electrões primários desencadeia a libertação de um fotão de raios X, que é caraterístico do átomo (elemento) do qual foi libertado.

Os átomos mantêm os electrões em órbita à volta dos seus núcleos devido a diferenças de carga eléctrica entre eles, tendo o núcleo uma carga positiva e os electrões uma carga negativa. Estas cargas equilibram-se exatamente entre si. A disposição dos electrões em torno do núcleo de um átomo é convencionalmente considerada como uma sequência de camadas de electrões, com os electrões da camada mais interna a possuírem a energia mais baixa, mas com energias de ligação mais elevadas, e os electrões da camada mais externa a possuírem as energias mais elevadas com energias de ligação mais baixas. As camadas são, também convencionalmente, designadas por K, L, M, N, O, P e Q, da camada mais interna para a mais externa. Devido aos diferentes níveis de energia de ligação dos electrões em torno do núcleo, são necessários electrões primários com uma energia potencial mais elevada para deslocar os electrões da camada K, depois para deslocar os electrões da camada L, que é mais elevada do que a necessária para os electrões da camada M, etc. Um diagrama simples das três primeiras camadas é ilustrado abaixo. Os electrões primários que bombardeiam o átomo são capazes de retirar electrões das suas órbitas, que podem ser substituídos por electrões de camadas mais afastadas, capazes de saltar para as vagas da camada interna. Há uma série de reacções que ocorrem como resultado desta situação, mas para efeitos de explicar a geração de raios X, apenas os seguintes pontos são considerados. A eliminação de um eletrão da camada interna faz com que o átomo entre num estado excitado, que é um estado de alta energia, até que o eletrão em falta seja substituído e o átomo relaxe. Existe, portanto, uma diferença de estados de energia. Esta diferença pode ser grande e, se for, o excesso de energia pode ser libertado sob a forma de um raio X (também pode ser libertado sob a forma de um eletrão Auger, mas não é considerado aqui), que transporta esta diferença de energia e tem um comprimento de onda caraterístico da espécie atómica de onde provém. O diagrama seguinte (Figura 2.12) ilustra as camadas electrónicas dos átomos e o espetro EDAX, que fornece os elementos presentes na amostra ou película.

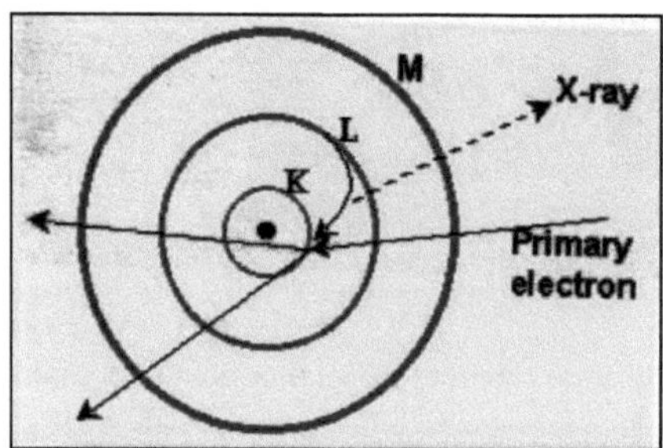

Figura 2.12 Diagramas simples das camadas electrónicas de um átomo

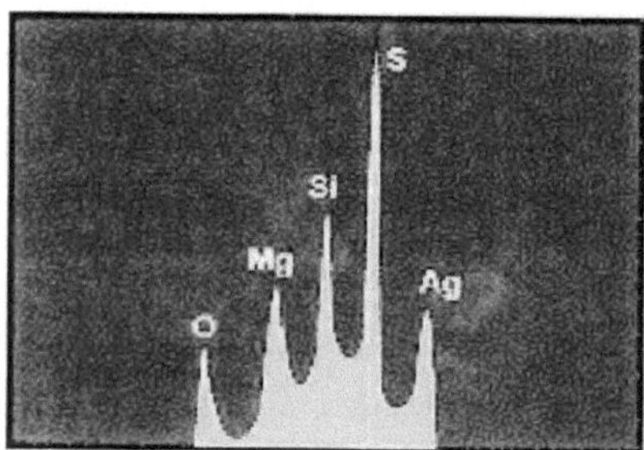

Figura 2.13 Exemplo de um espetro EDAX

Note-se que a substituição de electrões das camadas L e M, etc., pode também ser conseguida por electrões que saltam de camadas mais afastadas, o que pode levar a um grande número de raios X gerados com diferentes comprimentos de onda. Assim, existem várias linhas possíveis de raios X disponíveis para análise. A quantidade de energia libertada pelo eletrão que se transfere depende da camada de onde se transfere, bem como da camada para a qual se transfere. O aspeto mais importante a ter em conta é que o átomo de cada elemento liberta raios X com quantidades únicas de energia durante o processo de transferência, pelo que os raios X gerados por qualquer elemento em particular são uma caraterística única desse elemento em particular. Assim, medindo as quantidades de energia nos raios X libertados por uma amostra durante o bombardeamento por feixe de electrões, é possível determinar a identificação dos elementos a partir do qual o raio X foi emitido.

O resultado da análise EDAX do espetro é apresentado na Figura 2.13. O espetro EDAX é apenas um gráfico da frequência com que um raio X é recebido para cada nível de energia. Um espetro EDAX apresenta normalmente picos correspondentes aos níveis de energia para os quais foi recebido o maior número de raios X. Cada um destes picos é único para cada nível de energia. Cada um destes picos é único para um elemento e, portanto, corresponde a um único elemento. A abundância do elemento indica a altura do pico. O eixo X do espetro é a escala de energia dos raios X, ao longo da qual são registados os raios X recolhidos de vários elementos, que por sua vez formam uma série de picos ao longo do eixo X, em que cada pico corresponde a um elemento específico e o eixo Y indica a abundância dos elementos correspondentes.

2.8.5. Difractómetro de raios X (XRD)

Os estudos estruturais das películas experimentais foram analisados por difração de raios X (DRX). A difração de raios X é a técnica de caraterização mais utilizada para a determinação da estrutura cristalográfica das películas. Fornece informações sobre o espaçamento interplanar, os parâmetros de rede, a estrutura cristalina, a orientação, os defeitos, o tamanho dos cristalitos e as tensões desenvolvidas, se existirem, nas películas. Nesta investigação, utilizou-se o difratómetro avançado Bruker D8 com uma fonte de radiação Cu Kα1 monocromática (comprimento de onda, λ = 1,5406 A^{o}) para estudar a estrutura cristalográfica das películas depositadas (Figura 2.14).

Figura 2.14 Fotografia do difratómetro de raios X

O feixe monocromático de raios X foi varrido sobre a película na gama 2θ de 15 - 90°. A partir dos perfis XRD, o espaçamento interplanar d foi calculado utilizando a relação de Bragg [53],

$$2d \sin\theta = n\lambda \qquad \text{----- (2.4)}$$

em que n é a ordem da difração e θ o ângulo de reflexão.

Os planos de rede (hkl) foram identificados (a partir dos dados JCPDS) e as constantes de rede das películas depositadas foram determinadas utilizando as relações [55, 56].

Para estrutura cúbica

$$d = a / (h^2 + k^2 + l^2)^{1/2} \ [\text{nm}] \qquad \text{----- (2.5)}$$

O tamanho dos cristalitos (L) das películas foi calculado utilizando a equação de Debye - Scherer [57]

$$L = k\lambda/\beta\cos\theta \ [\text{nm}] \qquad \text{----- (2.6)}$$

em que k é uma constante com um valor de 0,89 para o alvo de cobre e β a largura total a meio máximo (FWHM) da intensidade do pico medida em radianos.

A densidade de deslocação (δ) das películas pode ser avaliada utilizando a relação

$$\delta = 1/L^2 \quad [nm^{-2}] \qquad \text{----- (2.7)}$$

2.8.6. Microscópio de Força Atómica (AFM)

A Microscopia de Força Atómica (AFM) é uma das ferramentas mais poderosas para a análise da morfologia da superfície de películas finas. A AFM utiliza uma sonda mecânica para ampliar as caraterísticas da superfície até ao nível atómico do átomo. A AFM fornece imagens tridimensionais reais da superfície, juntamente com gráficos da rugosidade da superfície e da secção transversal. Além disso, é possível obter uma análise quantitativa dos dados para os estudos acima referidos. Para além da sua elevada resolução, a AFM tem três vantagens principais. Em primeiro lugar, em comparação com o microscópio eletrónico de varrimento, o AFM proporciona um contraste topográfico extraordinário, medições diretas da altura e vistas não obscurecidas das caraterísticas da superfície.

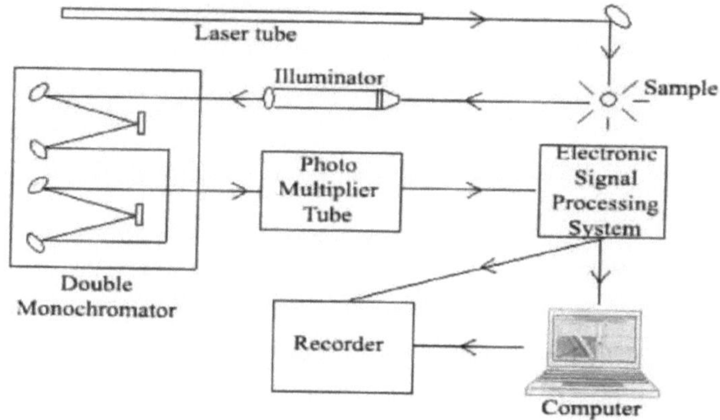

Figura 2.15 Diagrama esquemático do microscópio de força atómica

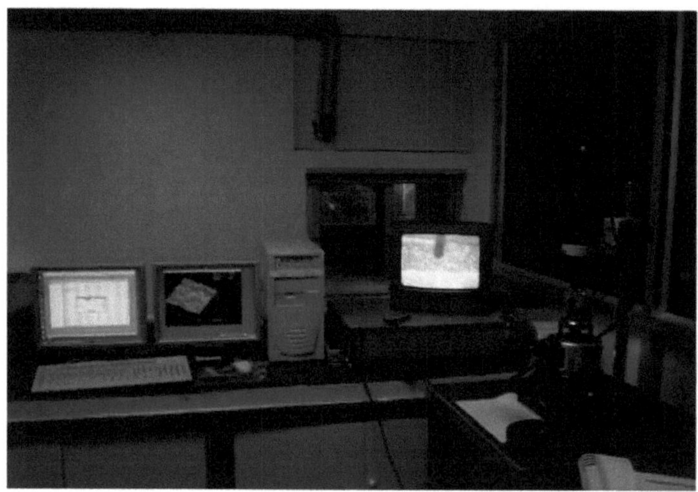

Figura 2.16 Fotografia do microscópio de força atómica

Em segundo lugar, em comparação com os microscópios electrónicos de transmissão, as imagens tridimensionais de AFM são obtidas sem uma preparação extensiva da amostra e com informações muito mais completas do que os perfis bidimensionais disponíveis a partir de amostras seccionadas sem descolar as películas do substrato. Em terceiro lugar, ao contrário da microscopia de túnel de varrimento (STM) ou do SEM, a AFM pode obter imagens de qualquer superfície sólida, independentemente de a amostra ser condutora ou não condutora, uma vez que regista alterações mecânicas em vez da interação de cargas eléctricas na amostra.

Uma minúscula ponta com poucos átomos de largura na extremidade está ligada ao braço do micro cantilever que tem um comprimento da ordem dos 100 a 200 microns. O princípio principal de funcionamento consiste em medir a força entre a ponta e a superfície da amostra. Os valores típicos da força entre a ponta e a amostra variam entre 10^{11} e 10^{-6} N. O diagrama esquemático do funcionamento de um AFM é apresentado na Figura 2.15. No seu funcionamento, à medida que o tradutor XYZ varre a amostra ou a ponta horizontalmente num padrão raster (XY), a ponta sobe e desce na superfície da película, dependendo da sua rugosidade. A deflexão da ponta é registada pelo sensor laser/fotodíodo e o tradutor XYZ ajusta a ponta e o espécime para cima ou para baixo (Z) para repor a ponta na sua orientação original. O computador armazena a posição vertical em cada ponto e monta o mapa topográfico da região digitalizada. A fotografia do AFM é apresentada na Figura 2.16. No presente estudo, foi utilizado o AFM Nanoscope III da Digital Instruments para obter as imagens das películas crescidas. A superfície das películas é analisada numa área de 10 μm x 10 μm. Os estudos morfológicos da superfície fornecem informações sobre o tamanho do grão e a rugosidade da superfície das películas.

2.8.7. Caracterização eléctrica

Uma sonda de quatro pontos é um aparelho simples para medir a resistividade eléctrica de amostras de semicondutores. O esquema do método da sonda de quatro pontos é apresentado na figura 2.17. A passagem de uma corrente através de duas sondas exteriores e a medição da tensão através das sondas interiores permitem medir a resistividade da amostra. A resistência da folha da amostra pode ser facilmente medida experimentalmente utilizando uma sonda de quatro pontos. É passada uma corrente (I) através das sondas exteriores que induz uma tensão (V) nas sondas interiores. A resistividade eléctrica (ρ) das películas finas foi determinada a partir da seguinte equação [58].

$$\rho = (\pi / \ln 2)\,(V/I)\,(t) \quad [\Omega cm] \qquad \text{-----}\ (2.8)$$

em que t é a espessura da película. Foi também incorporado na equação acima um fator de correção baseado no espaçamento entre eléctrodos e na espessura da película depositada.

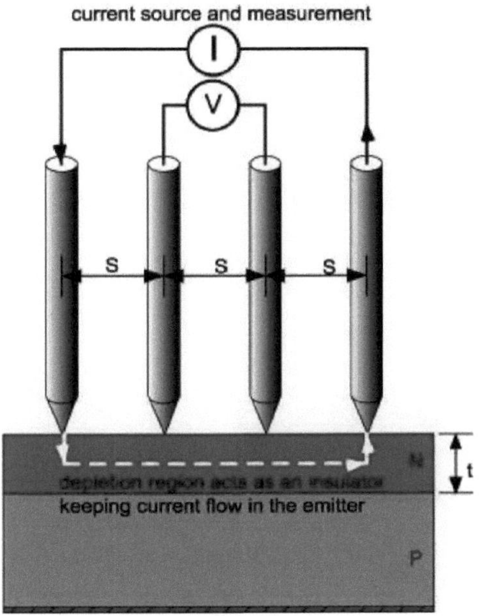

Figura 2.17 Esquema de um aparelho de sonda de quatro pontos para medição da resistividade eléctrica de uma película fina

2.8.9. Caracterização ótica

No presente estudo, as películas de Ag_2O e Ag-Cu-O foram caracterizadas opticamente para determinar a transmitância ótica, a absorção ótica e o intervalo de banda ótica. A transmitância ótica das películas foi registada utilizando um espetrofotómetro de feixe duplo Perkin-Elmer UV-Vis-NIR. A figura 2.18

apresenta uma fotografia do espetrofotómetro . Trata-se de um instrumento avançado, controlado por computador, com uma precisão de ±0,2 nm na região UV-Vis e de ±1nm na região do infravermelho próximo. As lâmpadas de deutério (D2) e de tungsténio com iodo (WI) foram utilizadas como fontes de luz nas regiões UV-Vis e NIR, respetivamente. A luz proveniente da fonte é reflectida por espelhos e depois passada através do monocromador e do prisma ou grelha para dispersão da luz (espalhada no espetro). Em seguida, seleciona-se um determinado comprimento de onda com base nos requisitos da luz dispersa e passa-se através dos espelhos rotativos, que dirigem o feixe de luz alternativamente através da película e do substrato de referência de vidro. Estes dois feixes de luz convergem para o detetor. As intensidades relativas dos dois feixes que atingem o detetor fornecem uma medida da quantidade de luz absorvida ou transmitida pela película. A transmitância ótica medida da amostra em questão é apresentada diretamente no monitor, sendo a transmitância ótica em função do comprimento de onda. Este espetro é registado através de um plotter, que está ligado ao instrumento.

Figura 2.18 Fotografia do espetrofotómetro de feixe duplo Perkin - Elmer UV-Vis-NIR

O coeficiente de absorção ótica (α) das películas em diferentes comprimentos de onda (λ) foi calculado utilizando a relação

$$\alpha = - (1/t) \ln T \qquad \text{----- (2.9)}$$

As transições ópticas entre as bandas de valência e de condução de um semicondutor podem ser compreendidas através do estudo da dependência do coeficiente de absorção (α) com a energia do fotão (hv) no bordo de absorção fundamental. A variação do coeficiente de absorção com a energia do fotão obedece à relação [59],

$$\alpha h\nu = A\ (h\nu - E_g)^n \qquad \text{----- (2. 10)}$$

Onde o valor de n indica o tipo de transição ótica que ocorre no material.

$\alpha h\nu = A\ (h\nu - E_g)^{1/2}$ para a transição direta permitida,

$\alpha h\nu = A\ (h\nu - E_g)^{3/2}$ para a transição direta proibida permitida,

$\alpha h\nu = A\ [h\nu - E_g]^2$ para a transição indireta permitida e

$\alpha h\nu = A\ (h\nu - E_g)^3$ para transição indireta proibida permitida,

em que A é o parâmetro de largura do bordo e E_g o intervalo de banda ótica. Para a extrapolação direta permitida da parte linear dos gráficos de $(\alpha h\nu)^2$ versus a energia do fotão para $\alpha = 0$ resultou o intervalo de banda ótica.

Referências

[1] R.W. Berres, P.M. Hall e M.T. Harris, Thin Film Technology, van Nostrand, Princeton, New Jersey (1968).

[2] R.F. Bunshah, Deposition Technologies for Films and Coatings, Noyes Pub, New Jersey (1982).

[3] K.L. Chopra, Thin Film Phenomena, Mc Graw Hill, Nova Iorque (1969).

[4] L.I. Maissel e R. Glang, Handbook of Thin Film Technology, Mc Graw Hill, Nova Iorque (1970).

[5] J. George, Preparation of Thin Films, Marcel Dekker, Nova Iorque (1992).

[6] M. Ohring, Material Science of Thin Films, Academic Press (2002).

[7] M.F. Al-Kuhaili, J. Phys. D: Appl. Phys., 40 (2007) 2847.

[8] J.M.J. Santillan, L.B. Scaffardi, D.C. Schinca e F.A. Videla, J. Opt., 12 (2010) 045002.

[9] S.M. Hou, M. Ouyang, H.F. Chen, W.M. Liu, Z.Q. Xue, Q.D. Wu, H.X. Zhang, H.J. Gao e S.J. Pang, Thin Solid Films, 315 (1998) 322.

[10] D. Dellasega, A. Facibeni, F. Di Fonzo, V. Russo, C. Conti, C. Ducati, C.S. Casari, A. Li Bassi e C.E. Bottani, Appl. Surf. Sci., 255 (2009) 5248.

[11] N. Ravi Chandra Raju, K. Jagadeesh Kumar e A. Subrahmanyam, J. Phys. D: Appl. Phys., 42 (2009) 1354110.

[12] L. Armelo, D. Barreea, M. Bertapelle, Y. Bottaro, C. Sada e E. Tondello, Thin Solid Films, 422

(2003) 48.

[13] J. Asbalter e A. Subramanyam, J. Vac. Sci. Technol. A, 18 (2000) 167.

[14] Y. Yuan, R. Yuan, Y. Chai, Y. Zhuo, L. Mao e S. Yuan, J. Electroanal. Chem., 643 (2010) 15.

[15] U.K. Barik, S. Srinivasan, C.L. Nagendra e A. Subramanyam, Thin Solid Films, 429 (2003) 129.

[16] X.Y. Gao, H.L. Feng, J.M. Ma, Z.Y. Zhang, J.X. Lu, Y.S. Chen, S.E. Yang e J.H. Gu, Physica B, 405 (2010) 1922.

[17] H.L. Feng, X.Y. Gao, Z.Y. Zhang e J.M. Ma, J. Korean Phys. Soc., 56 (2010) 1176.

[18] X.Y. Gao, M.K. Zhao, Z.Y. Zhang, C. Chen, J.M. Ma e J.X. Lu, Thin Solid Films, 519 (2011) 6620.

[19] . X.Y. Gao, Z.Y. Zhang, J.M. Ma, J.X. Lu, J.H. Gu e S.E. Yang, Chin. Physica B, 20 (2011) 026103.

[20] R. Snyders, M. Wautelet, R. Gouttebaron, J.P. Dauchot e M. Hecq, Surf. Coat. Technol., 174-175 (2003) 1282.

[21] L.A.A. Pettersson e P.G. Snyder, Thin Solid Films, 270 (1995) 69.

[22] Y. Chiu, U. Rambabu, M.H. Hsu, H.P.D. Shieh, C.Y. Chen e H.H. Lin, J. Appl. Phys., 94 (2003) 1996.

[23] D. Buchel, C. Mihalcea, T. Fukaya, N. Atoda, J. Tominaga, T. Kikukawa e H. Fuji, Appl. Phys. Lett., 79 (2001) 620.

[24] X. Yuqing, L. Liming, L. Weigang, Y. Dequan e D. Doan, Mater. Sci.Eng. B, 79 (2001) 68.

[25] T. Shima e J. Tominaga, J. Vac. Sci. Technol. A, 21 (2003) 634.

[26] Y.C. Her, Y. Lan, W.C. Hsu e S. Tsai, J. Appl. Phys., 96 (2004) 1283.

[27] Y. Abe, T. Hasegawa, M. Kawamura e K. Sasaki, Vacuum, 76 (2004) 1.

[28] J.F. Pierson, D. Wiederkehr e A. Billard, Thin Solid Films, 478 (2005) 196.

[29] J.F. Pierson e C. Rousselot, Surf. Coat. Technol., 200 (2005) 276.

[30] M. Fujimaki, K. Awazu, J. Tominaga e Y. lwanabe, J. Appl. Phys., 100 (2006) 074303.

[31] T. Arai, C. Rockstuhl, P. Fons, K. Kurihara, T. Nakano, K. Awazu e J. Tominaga, Nanotechnology, 17 (2006) 79.

[32] S.Wu, F. Zhang e G. Tian, Optik, 122 (2011) 1.

[33] J.M. Ma, Y. Liang, X.Y. Gao, Z.Y. Zhang, C. Chen, M.K. Zhao, S.E. Yang, J.H. Gu, Y.S. Chen e J.X. Lu, Chin. Phys. B, 20 (2011) 056102.

[34] P. Gomez-Romero, E.M. Tejada-Rosales e M. Rosa-Palacin, Angew Chem. Int. Edn., 38 (1999) 524.

[35] D. Munoz-Rojas, J. Oro, P. Gomez-Romero, J. Fraxedas e N. Casan-Pastor, Crystal Eng., 5 (2003) 459.

[36] J.F. Pierson, D. Wiederkehr, J.M. Chappe e N. Martin, Appl. Surf. Sci., 253 (2007) 7522.

[37] C. Petitjean, D. Horwat e J.F. Pierson, Appl. Surf. Sci., 255 (2009) 7700.

[38] E. Lund, A. Galeckas, E.V. Monakhov e B.G. Svensson, Thin Solid Films, 520 (2011) 230.

[39] C. Petitjean, D. Horwat e J.F. Pierson, J. Phy. D: Appl. Phy., 42 (2009) 025304.

[40] J.F. Pierson, E. Rolin, C. Clement-Gendarme, C. Petitjean e D. Horwat, Appl. Surf. Sci., 254 (2008) 6590.

[41] S. Uthanna, M. Hari Prasad Reddy, P. Boulet, C. Petitjean e J.F. Pierson, Phys. Status Solidi (a), 207 (2010) 1655.

[42] S. Uthanna, M. Hari Prasad Reddy e J. F. Pierson, Int. J. Nanoscience, 10 (2011) 653.

[43] M. Hari Prasad Reddy, P. Narayana Reddy B. Sreedhar, J.F. Pierson e S. Uthanna, Physica Scripta, 84 (2011) 045602.

[44] W.R. Grove, Phil. Trans. Faraday Society, 142 (1852) 87.

[45] F.M. Penning, Physica, 3 (1936) 873.

4, A.S. Pennfold e J.A. Thornton, US. Patents 3,884, 793 (1975); 3, 995, 187, 030, 996, 4, 031, 424 e 4, 041, 353 (1977).

[46] J.S. Chappin, Res. Dev., 25 (1974) 37.

[47] I.G. Kesaer e V.V. Pashkova, Sov. Phys. Tech. Phys., 4 (1959) 254.

[48] F.A. Green e B.N. Chapman, J. Vac. Sci. Technol., 13 (1976) 165.

[49] J.S. Logan, F. Jones, J. Costable e J.E. Lousie, J. Vac. Sci. Technol. A, 5 (1987) 1879.

[50] W.D. Westwood, Sputter Deposition, AVS, Nova Iorque, (2003), p. 204.

[51] G. Perny e B.L.S. Martin, Basic Problems in Thin Film Physics, Eds. R. Niedermayer e H. Mayer, Vanderhook e Ruprecent, Gottingen (1966) p. 709.

[52] M. Hari Prasad Reddy e S. Uthanna, Estudos sobre a tecnologia nanocristalina Magnetron

sputtered

Cu_2O and Ag2Cu2O3 films for electronic devices, Lambert Academic Publishing, (2011) p. 41.

[53] C.S. Fadley, Basic Concept in X-ray Powder Studies in Electron Spectroscopy: Teoria, Técnicas e Aplicações, Eds. C.R. Brumelle e A.D. Baker, Academic Press, Nova Iorque (1978) p. 2.

[54] B.D. Cullity, Elements of X-ray Diffraction, 2nd Edn. Addition-Wesley, Reading, MA (1978).

[55] L.V. Azaroff e M.J. Buerger, Powder Method of X-ray Crystallography, Mc Graw Hill, Nova Iorque (1977).

[56] C.W. Bunn, Chemical Crystallography, Oxford Univ, Oxford (1961).

[57] S.M. Sze, Physics of Semiconductor Devices, 2nd Edn. John Wiley & Sons, Singapura (2004) p. 31.

[58] J. Tauc, Amorphous and Liquid Semiconductors, Plenum Press, Nova Iorque (1974).

CAPÍTULO - III RESULTADOS E DISCUSSÕES SOBRE AS FILMES DE AG2O

As propriedades básicas e as aplicações das películas finas dependem da qualidade das películas depositadas. Os parâmetros de deposição desempenham um papel proeminente no controlo preciso das propriedades físicas das películas crescidas. Entre as várias técnicas de deposição de películas finas, a pulverização catódica por magnetrão RF é uma das melhores técnicas para a preparação de películas finas, devido às suas vantagens de elevadas taxas de deposição, excelente uniformidade em substratos de grande área e bom controlo da composição química, o que permite adaptar as propriedades físicas das películas finas depositadas. As propriedades físicas das películas depositadas por pulverização catódica dependem criticamente dos parâmetros do processo de pulverização catódica, como a pressão parcial de oxigénio, a temperatura do substrato e a tensão de polarização do substrato, a potência e a pressão de pulverização catódica e a distância entre o alvo e o substrato. A escolha adequada dos parâmetros de deposição é essencial para produzir películas estequiométricas e cristalinas com as propriedades estruturais, eléctricas e ópticas necessárias para qualquer aplicação em dispositivos.

3.1. Preparação de películas de óxido de prata

As películas finas de óxido de prata foram depositadas em substratos de vidro e de silício tipo p (111) utilizando a técnica de pulverização catódica por magnetrão RF por pulverização catódica do alvo de prata sob diferentes pressões parciais de oxigénio, temperaturas do substrato e tensões de polarização do substrato. A Tabela 3.1 mostra os parâmetros de deposição mantidos durante o crescimento das películas finas de óxido de prata.

3.2. Caracterização de películas de óxido de prata

As películas de óxido de prata formadas em diferentes condições de deposição foram caracterizadas quanto à composição química, energias de ligação do nível central, configuração da ligação química, estrutura cristalográfica e morfologia da superfície, e propriedades eléctricas e ópticas.

A espessura das películas depositadas foi determinada com o profilómetro de profundidade Veeco Dektak (modelo 150). A taxa de deposição das películas foi calculada a partir da espessura e da duração da deposição. A espessura das películas depositadas situou-se no intervalo 200 - 250 nm. As películas depositadas foram caracterizadas quanto às energias de ligação do nível central utilizando o espetrómetro de fotoelectrões de raios X da Philips (modelo PHI 300).

A configuração das ligações químicas das películas foi analisada com o espetrofotómetro de infravermelhos com transformada de Fourier (Nicolet modelo 5700 FTIR) na gama de números de onda 400 - 4000 cm^{-1} e com a espetroscopia de dispersão Raman utilizando o aparelho Renishaw

Raman (modelo 6150). A estrutura cristalográfica das películas foi determinada por difração de raios X (XRD) num difratómetro Bruker D8 Advanced, utilizando radiação Cu Kα1 monocromática. A morfologia da superfície das películas foi analisada com um microscópio de força atómica. A resistência eléctrica das películas foi medida à temperatura ambiente utilizando técnicas de quatro pontos (sonda multiposições Jandel). A transmitância ótica das películas foi registada com o espetrofotómetro de feixe duplo Perken-Elmer na gama de comprimentos de onda 300 - 2500 nm e os resultados obtidos são discutidos e apresentados neste capítulo.

Tabela 3.1 Parâmetros de deposição mantidos durante o crescimento das películas de óxido de prata

Método de deposição	: Pulverização catódica reactiva por magnetrão RF
Alvo de pulverização catódica	: Prata (50 mm de diâmetro e 3 mm de espessura)
Distância entre o alvo e o substrato	: 65 mm
Pressão de base	: $5x10^{-4}$ Pa
Pressão parcial de oxigénio (p_{O2})	: $5x10^{-3}$ - $9x10^{-2}$ Pa
Pressão de pulverização (P_W)	: 4 Pa
Temperatura do substrato (T_s)	: 303 - 523 K
Tensão de polarização do substrato (V_b)	: 0 a - 60 V
Potência de pulverização	: 65 W
Duração da pulverização	: 7 min

3.3. Efeito da pressão parcial de oxigénio nas propriedades físicas das películas de Ag_2O

A fim de estudar a influência da pressão parcial de oxigénio nas propriedades físicas, as películas de Ag_2O foram depositadas em substratos de vidro e silício (111) bem limpos, à temperatura ambiente, sob diferentes pressões parciais de oxigénio na gama de $5x10^{-3}$ - $9x10^{-2}$ Pa, pelo método de pulverização catódica por magnetrão RF. As películas de Ag_2O depositadas eram uniformes e altamente aderentes à superfície do substrato.

3.3.1. Taxa de deposição

A taxa de deposição das películas de óxido de prata foi altamente influenciada pela pressão parcial de oxigénio mantida durante o crescimento das películas. L

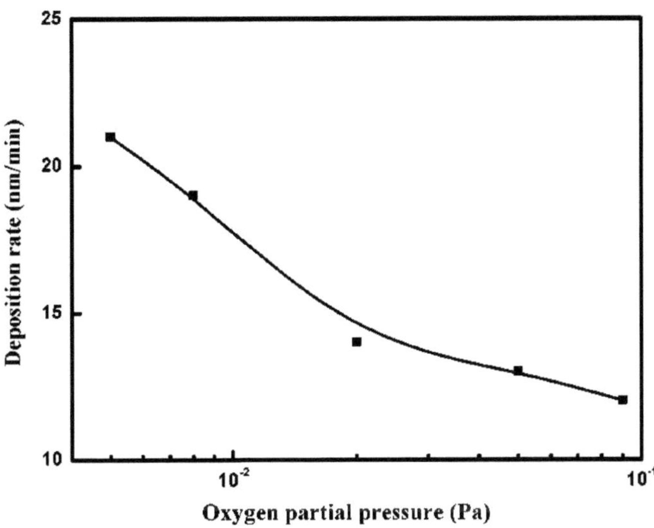

Figura 3.1 Dependência da taxa de deposição de películas de Ag_2O com a pressão parcial de oxigénio

A variação da taxa de deposição das películas com a pressão parcial de oxigénio é mostrada na Figura 3.1. A taxa de deposição das películas formadas a uma baixa pressão parcial de oxigénio de $5x10^{-3}$ Pa foi de 21 nm/min. Diminuiu para 14 nm/min à medida que a pressão parcial de oxigénio aumentou para $2x10^{-2}$ Pa e, a pressões parciais de oxigénio mais elevadas, manteve-se quase constante. A elevada taxa de deposição a baixas pressões parciais de oxigénio foi atribuída ao elevado rendimento de pulverização da prata, enquanto a diminuição contínua da taxa de deposição a pressões parciais de oxigénio mais elevadas se deveu ao envenenamento do alvo de pulverização da prata (ou seja, à oxidação do alvo de prata) para formar um composto de óxido, uma vez que o rendimento de pulverização do óxido de prata foi inferior ao da prata elementar. A relação entre a taxa de deposição em árgon puro e o modo reativo na presença de oxigénio foi de cerca de 1,6. É de referir que a razão da taxa de deposição de cerca de 2,8 foi observada na deposição reactiva por pulverização catódica de películas de óxido de cobre a uma pressão parcial de oxigénio de $6x10^{-2}$ Pa [1], o que indica uma menor reação da prata do que do cobre com o oxigénio. Esta diminuição da taxa de deposição com o aumento da pressão parcial de oxigénio foi também registada nas películas de óxido de prata reactivas por pulverização catódica DC formadas com alvo de prata [2], nas películas de óxido cuproso depositadas com alvo de cobre [1] e nas películas Ag-Cu-O com alvo $Ag_{50}Cu_{50}$ [3].

3.3.2. Estudos EDAX

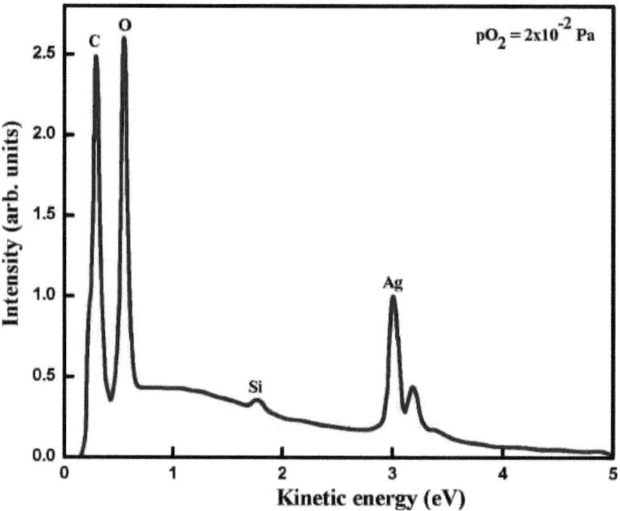

Figura 3.2 Um espetro EDAX representativo das películas de Ag_2O formadas a uma pressão parcial de oxigénio de $2x10^{-2}$ Pa

A composição química das películas depositadas foi determinada através da análise de raios X por dispersão de energia (EDAX). A Figura 3.2 mostra o espetro EDAX representativo de Ag_2O formado a uma pressão parcial de oxigénio de $2x10^{-2}$ Pa. O teor de oxigénio nas películas depende da pressão parcial de oxigénio que prevalece na câmara de pulverização. O teor de oxigénio nas películas aumenta com o aumento da pressão parcial de oxigénio. A uma pressão parcial de oxigénio baixa de $5x10^{-3}$ Pa, o teor de oxigénio calculado é de 38,2 at. %. As películas formadas a $2x10^{-2}$ Pa contêm 49,7 at. % de oxigénio e permanece quase constante a pressões parciais de oxigénio mais elevadas. Isto indica que as películas formadas a uma pressão parcial de oxigénio de $2x10^{-2}$ Pa são quase estequiométricas.

3.3.3. Estudos XPS

As energias de ligação dos níveis nucleares das películas de Ag_2O foram analisadas utilizando a espetroscopia de fotoelectrões de raios X (XPS). A Figura 3.3 mostra o levantamento XPS representativo da película de Ag_2O formada a uma pressão parcial de oxigénio de $2x10^{-2}$ Pa.

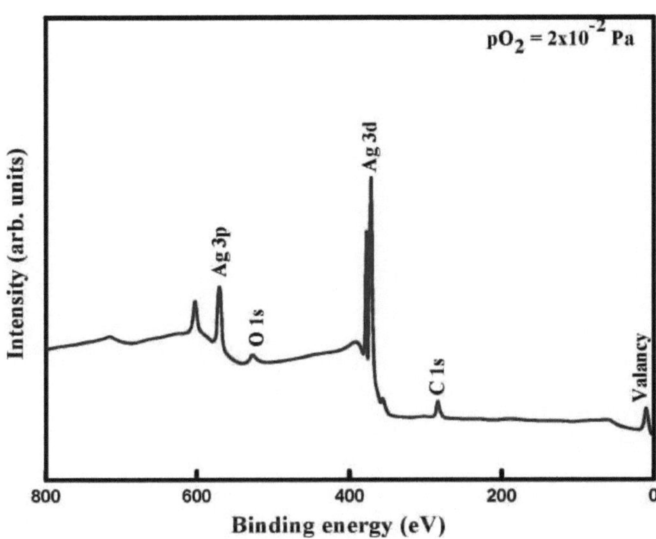

Figura 3.3 Levantamento XPS da película de Ag_2O

O exame mostra os picos de energia de ligação caraterísticos do nível central da prata e do oxigénio presentes nas películas. O pico observado a cerca de 284 eV está relacionado com o C 1s devido à contaminação de carbono na superfície das películas, uma vez que estas foram expostas à atmosfera antes do estudo XPS. O pico do carbono desapareceu após 5 minutos de bombardeamento das películas com iões de árgon. O pico observado a cerca de 529 eV estava relacionado com a energia de ligação do nível central do oxigénio O 1s. A varredura mostrou os picos nas energias de ligação do nível central de cerca de 368 e 374 eV relacionados com Ag $_{3d5/2}$ e Ag $_{3d3/2}$, respetivamente, devido à divisão spin-órbita dos níveis de energia [4]. Os picos localizados a cerca de 573 e 604 eV estão ligados às energias de ligação do nível central de Ag $_{3p3/2}$ e Ag $_{3p1/2}$, respetivamente.

A figura 3.4 mostra os espectros XPS de varrimento estreito das películas formadas a diferentes pressões parciais de oxigénio na gama de 364 - 377 eV para o Ag 3d. A uma pressão parcial de oxigénio baixa de $8x10^{-3}$ Pa, a energia de ligação do nível central do Ag $_{3d5/2}$ foi de 368,2 eV a uma pressão parcial de oxigénio de $2x10^{-2}$ Pa e de 367,3 eV a uma pressão parcial de oxigénio mais elevada de $9x10^{-2}$ Pa [5]. Sant et al. [6] referiram que os picos de energia de ligação do nível central Ag $_{3d5/2}$ do Ag,

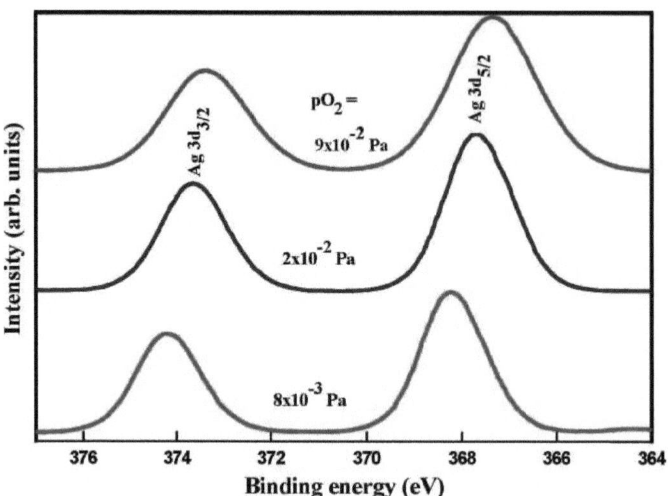

Figura 3.4 Espectros de varrimento estreito XPS de Ag 3d em películas de Ag_2O formadas a diferentes pressões parciais de oxigénio

Ag_2O e AgO ocorreram a 368,1, 367,7 e 367,4 eV, respetivamente. De acordo com os dados reportados, os picos Ag $3d_{5/2}$ da Ag pura, Ag_2O e AgO estão localizados na gama de 368,0 - 368,3 eV, 367,5 - 367,8 eV e 367,2 - 367,4 eV, respetivamente [7-10]. Os resultados experimentais foram bem concordantes com os relatados na literatura. Com o aumento da pressão parcial de oxigénio, a fase mista de filmes de Ag e Ag_2O transformou-se na fase Ag_2O a uma pressão parcial de oxigénio de $2x10^{-2}$ Pa. A uma pressão parcial de oxigénio mais elevada de $9x10^{-2}$ Pa, os filmes crescidos apresentavam a fase AgO.

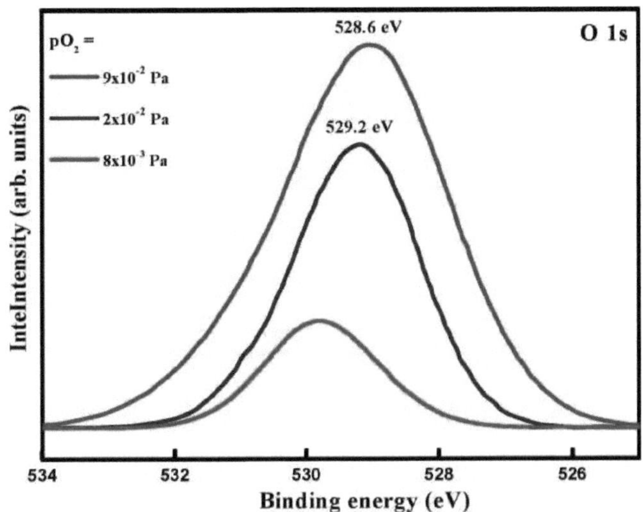

Figura 3.5 Espectros de varrimento estreito XPS de O 1s em películas de Ag_2O formadas a diferentes pressões parciais de oxigénio

A figura 3.5 mostra os espectros XPS de varrimento estreito das películas de óxido de prata na gama de energia de 525 - 534 eV para o O 1s. A energia de ligação do nível central do O 1s foi de 529,2 eV para as películas depositadas a uma pressão parcial de oxigénio de $2x10^{-2}$ Pa e passou para 528,6 eV para uma película depositada a uma pressão parcial de oxigénio de $9x10^{-2}$ Pa. Os picos de O 1s de Ag_2O e AgO estão localizados nas gamas 528,6 - 529,2 eV e 528,5 - 528,6 eV, respetivamente [7-10]. A energia de ligação de O 1s localizada a 529,2 e 528,6 eV corresponde a Ag_2O e AgO, respetivamente. Isto indica que as películas depositadas a uma pressão parcial de oxigénio de $2x10^{-2}$ Pa apresentaram uma fase única de Ag_2O, enquanto as depositadas a uma pressão parcial de oxigénio superior de $9x10^{-2}$ Pa apresentaram uma fase única de AgO. A composição química das películas depositadas foi obtida a partir dos dados XPS utilizando a área sob a curva e os factores de sensibilidade. A razão atómica entre a prata e o oxigénio nas películas formadas a uma pressão parcial de oxigénio de $8x10^{-3}$ Pa foi de 2,20, enquanto que nas depositadas a $2x10^{-2}$ Pa foi de 2,03. Os resultados de XPS mostram que a baixa pressão parcial de oxigénio de $8x10^{-3}$ Pa, os filmes eram substiochiométricos devido à presença de fase mista de Ag e Ag_2O, enquanto os filmes formados a $2x10^{-2}$ Pa e 9 $x10^{-2}$ Pa eram quase stiochiométricos. Com o aumento da pressão parcial de oxigénio, as películas monofásicas de Ag_2O formaram-se a uma pressão parcial de oxigénio de $2x10^{-2}$ Pa e transformaram-se em películas monofásicas de AgO a uma pressão parcial de oxigénio mais elevada de $9x10^{-2}$ Pa.

3.3.4. Estudos de XRD

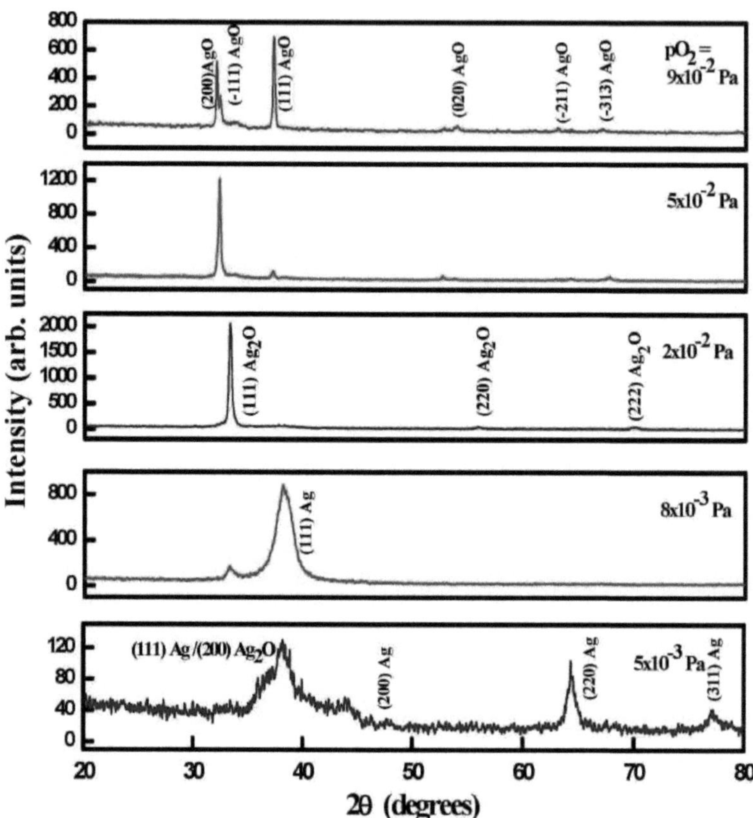

Figura 3.6 Perfis XRD das películas de Ag_2O formadas a diferentes pressões parciais de oxigénio

A Figura 3.6 mostra os perfis de difração de raios X de películas de óxido de prata depositadas a diferentes pressões parciais de oxigénio. As películas formadas a uma baixa pressão parcial de oxigénio de $5x10^{-3}$ Pa apresentaram um fundo amorfo com a presença de reflexões (220) e (311) de Ag. A presença do pico a 37,2° pode ser de (200) Ag_2O / (111) Ag. As películas formadas a uma pressão parcial de oxigénio de $8x10^{-3}$ Pa exibiram um pico fraco de (111) Ag_2O juntamente com (111) Ag, indicando a natureza policristalina das películas com o crescimento da fase mista de Ag_2O e Ag. As películas formadas a $2x10^{-2}$ Pa mostraram uma reflexão forte de (111) juntamente com reflexões fracas de (220) e (222) que correspondem ao crescimento de Ag_2O monofásico com estrutura cúbica. Gao et al. depositaram películas de Ag_2O monofásicas pelo método de pulverização catódica por magnetrão DC com uma razão de fluxo de oxigénio para árgon de 0,5 [9] e também relataram a temperatura do substrato de 250 °C e uma razão de fluxo de oxigénio para árgon de 15:18 e uma potência de pulverização de 105 W [11]. Barik et al. [12] depositaram películas monofásicas de Ag_2O com um fluxo de oxigénio de 2,01 sccm utilizando o método de pulverização catódica por magnetrão DC .

A uma pressão parcial de oxigénio de $5x10^{-2}$ Pa, a presença de um pico intenso (111) juntamente com picos fracos (111), (020) (2 11) e (3 11) relacionados com o AgO. A uma pressão parcial de oxigénio elevada de $9x10^{-2}$ Pa, a intensidade da reflexão (111) diminuiu e a reflexão (111) do AgO aumentou, o que indicou o crescimento da estrutura monoclínica do AgO, como se mostra na Tabela 3.2. Her et al. [13] relataram que a pressão parcial de oxigénio aumenta, os aglomerados de Ag diminuem e a fase constituinte de Ag_2O e Ag transforma-se numa fase única de Ag_2O, numa mistura de Ag_2O com AgO e depois numa fase única de AgO.

O tamanho dos cristalitos (L) das películas foi avaliado a partir da largura total a meia intensidade máxima dos picos de difração de raios X utilizando a relação de Debye-Scherrer [14]. Isto mostra que o tamanho dos cristalitos das películas depende da pressão parcial de oxigénio prevalecente na câmara de pulverização durante o crescimento das películas. A variação do tamanho de cristalito das películas de Ag_2O com a pressão parcial de oxigénio é mostrada na Figura 3.7. O tamanho dos cristais das películas aumentou de 3,5 para 20 nm com o aumento da pressão parcial de oxigénio de $5x10^{-3}$ para $2x10^{-2}$ Pa, diminuindo depois para 18 nm com uma pressão parcial de oxigénio mais elevada de $9x10^{-2}$ Pa. Isto indica que as películas cultivadas no presente estudo eram nanocristalinas.

Tabela 3. 2 Dados de difração de raios X das películas de Ag_2O formadas a diferentes pressões parciais de oxigénio

Oxygen partial pressure (Pa)	Ag	Ag_2O	AgO
$5x10^{-3}$	(111) (220) (311)	(200)	
$8x10^{-3}$	(111)	(111)	
$2x10^{-2}$		(111) (220) (222)	
$5x10^{-2}$			$(\bar{1}11)$ (111) (020) $(\bar{2}11)$ $(\bar{3}11)$
$9x10^{-2}$			(200) (111) $(\bar{1}11)$ (020) $(\bar{2}11)$ $(\bar{3}11)$

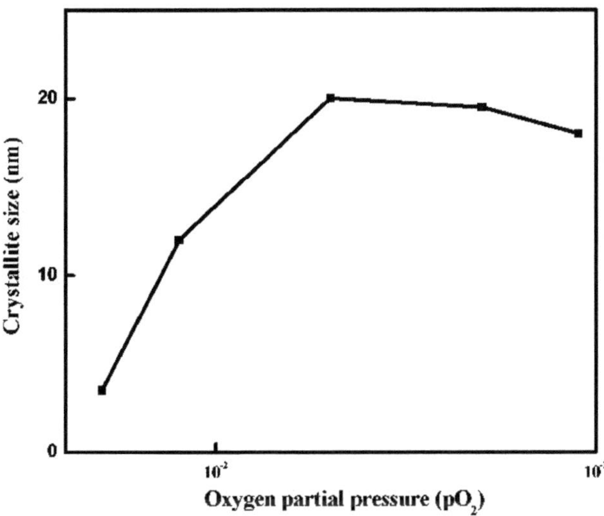

Figura 3.7 Variação do tamanho dos cristais das películas de Ag_2O com a pressão parcial de oxigénio

3.3.5. Estudos Raman

A Figura 3.8 mostra os espectros Raman das películas depositadas a diferentes pressões parciais de oxigénio. A uma baixa pressão parcial de oxigénio de $8x10^{-3}$ Pa, a fase mista de Ag_2O e prata metálica pode ser a razão para não se obterem quaisquer picos Raman. As películas formadas a uma pressão parcial de oxigénio de $2x10^{-2}$ Pa apresentaram picos Raman a 425 e 468 cm^{-1} que caracterizam o crescimento da fase Ag_2O. O pico posicionado a 468 cm^{-1} está relacionado com o modo de estiramento Ag-O dos catiões Ag (I) coordenados linearmente pelo oxigénio em Ag_2O. A uma pressão parcial de oxigénio mais elevada de $9x10^{-2}$ Pa, os picos Raman observados a 216, 379, 429 e 467 cm^{-1} correspondem à fase AgO. A posição e as intensidades destes picos estão de acordo com os dados registados para Ag_2O e AgO [15]. O pico intenso a 429 cm^{-1} nas películas formadas a uma pressão parcial de oxigénio de $9x10^{-2}$ Pa foi relacionado com o modo de estiramento Ag-O entre o oxigénio coordenado quadrado e o Ag (III) [15]. No espetro Raman do AgO, a banda observada a 217 cm^{-1} está relacionada com o modo Ag-O de flexão simétrica. Os estudos Raman mostram que as películas depositadas a uma pressão parcial de oxigénio de $2x10^{-2}$ Pa eram monofásicas de Ag_2O, enquanto as películas depositadas a uma pressão parcial de oxigénio superior de $9x10^{-2}$ Pa eram monofásicas de AgO.

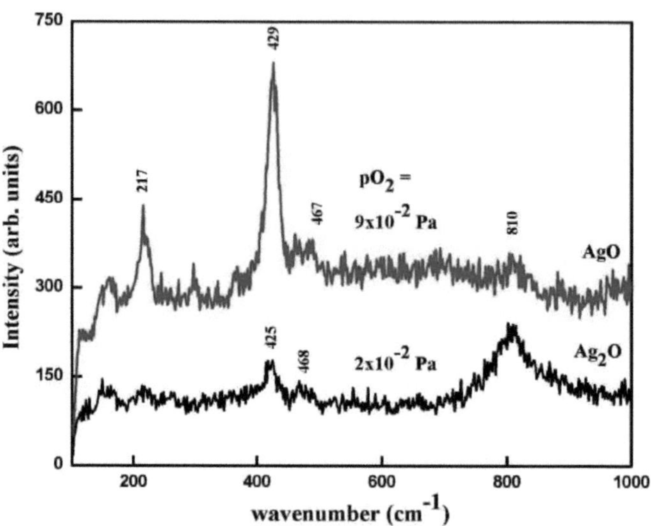

Figura 3.8 Espectros Raman de películas de Ag_2O depositadas a diferentes pressões parciais de oxigénio

1.1.1.1.Estudos AFM

A Figura 3.9 mostra as micrografias tridimensionais e bidimensionais de força atómica de películas formadas a diferentes pressões parciais de oxigénio. As micrografias mostram uma morfologia diferente dos grãos de superfície, dependendo da pressão parcial de oxigénio. As películas formadas a uma baixa pressão parcial de oxigénio de $8x10^{-3}$ Pa apresentaram grãos de forma irregular, com um tamanho de grão de 54 nm e uma rugosidade quadrada média de 4,05 nm (Figura 3.9 a). Observa-se também que as películas não são uniformes, com muitas partículas aderentes, o que pode ser a presença de aglomerados de prata devido à baixa pressão parcial de oxigénio. A uma pressão parcial de oxigénio de $2x10^{-2}$ Pa, as películas formadas tinham uma forma esférica (Figura 3.9 b). A uma pressão parcial de oxigénio elevada de $9x10^{-2}$ Pa, as películas cresceram com grãos de maiores dimensões, com um tamanho de grão de 125 nm e uma rugosidade superficial média quadrada de 8,74 nm (Figura 3.9 c). A variação dos valores RMS e do tamanho de grão das películas de Ag_2O com a pressão parcial de oxigénio é apresentada na Figura 3.10.

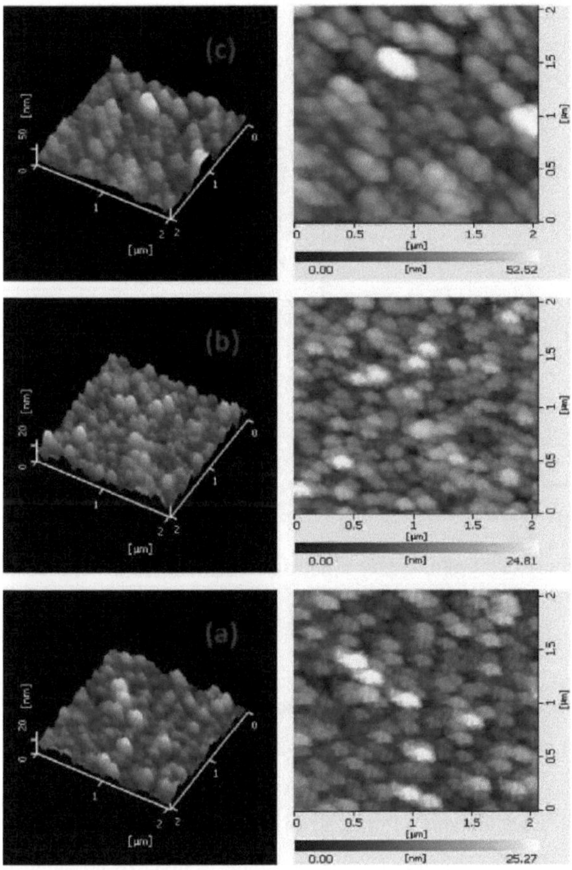

Figura 3.9 Micrografias AFM 3d- e 2d- de películas de Ag_2O formadas a diferentes pressões parciais de oxigénio: (a) $8x10^{-3}$ Pa, (b) $2x10^{-2}$ Pa e (c) $9x10^{-2}$ Pa

A baixa pressão parcial de oxigénio, os adátomos têm uma energia relativamente elevada; por conseguinte, a mobilidade dos adátomos é suficientemente elevada para formar uma superfície lisa. A rugosidade da superfície das películas aumenta com o aumento da pressão parcial de oxigénio. Recentemente, Wu et al. [16] também observaram que a raiz quadrada média da rugosidade da superfície aumentou de 3,54 para 6,13 nm com o aumento razão entre oxigénio e oxigénio mais árgon de 0,25 para 0,70. O tamanho do grão das películas aumentou de 53,5 para 78,5 nm com o aumento da pressão parcial de oxigénio de $8x10^{-3}$ para $9x10^{-2}$ Pa.

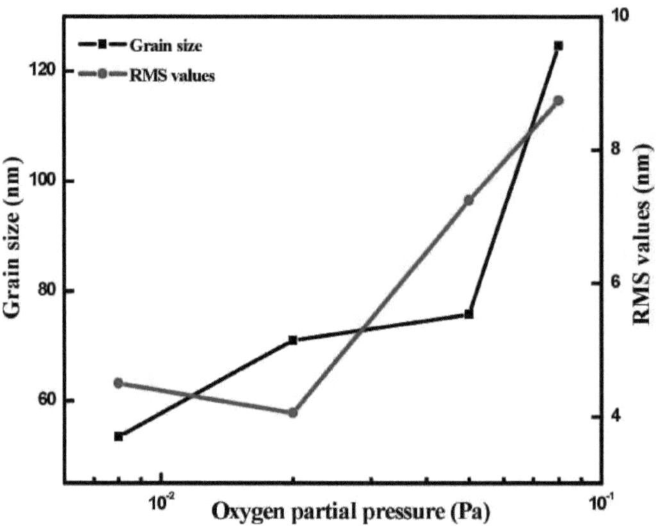

Figura 3.10 Variação dos valores RMS e do tamanho de grão das películas de Ag_2O com as pressões parciais de oxigénio

1.1.7. Estudos eléctricos

A resistividade eléctrica das películas depositadas é sensível ao crescimento da fase e da microestrutura. A Figura 3.11 mostra a variação da resistividade eléctrica com a pressão parcial de oxigénio. Pode ver-se na figura que a resistividade eléctrica aumenta drasticamente com o aumento da pressão parcial de oxigénio. Isto indica que, durante a formação de películas de óxido de prata, os múltiplos estados de valência da prata podem ser activados no plasma durante a pulverização catódica por magnetrão. As películas depositadas a uma baixa pressão parcial de oxigénio de $5x10^{-3}$ Pa continham uma baixa resistividade eléctrica de $2,5x10^{(-4)}$ Ωcm devido à presença de uma fase mista de Ag e Ag_2O. As películas monofásicas de Ag_2O formadas a uma pressão parcial de oxigénio de $2x10^{-2}$ Pa apresentavam uma resistividade eléctrica de $5,2x10^{-3}$ Ωcm. A resistividade eléctrica das películas de prata pura formadas em árgon foi de $2,8x10^{(-)5}$ Ωcm e aumentou para $2,3x10^{-4}$ Ωcm a um caudal de oxigénio de 1,71 sccm [12]. As películas produzidas por evaporação de feixe de electrões na presença de uma fonte de oxigénio de ressonância eletrónica de ciclotrão apresentaram uma fase de $Ag_{2-x}O$ com uma resiliência eléctrica de $3,3x10^{(2)}$ Ωcm [10]. Breyfogle et al. [17] referiram que a resitividade eléctrica das películas de AgO era de 12 Ωcm.

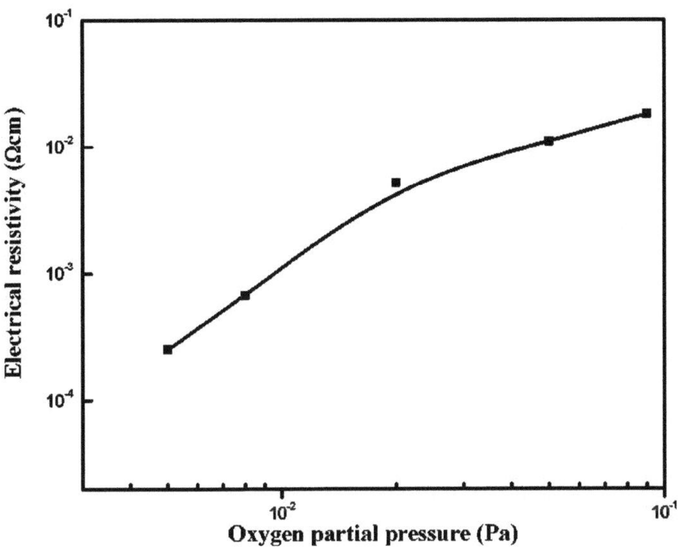

Figura 3.11 Variação da resistividade eléctrica das películas de Ag_2O com as pressões parciais de oxigénio

1.1.8. Estudos ópticos

A Figura 3.12 mostra os espectros de transmitância ótica, dependentes do comprimento de onda, das películas de Ag_2O formadas a diferentes pressões parciais de oxigénio. A transmitância ótica das películas depende da pressão parcial de oxigénio. As películas formadas a $5x10^{-3}$ Pa apresentaram um baixo valor de transmitância de 0,8 % devido à presença de prata não oxidada juntamente com Ag_2O. Após um aumento da pressão parcial de oxigénio para $2x10^{-2}$ Pa, a transmitância das películas aumentou para 55%. Também se observou que o bordo de absorção se desloca para o lado do comprimento de onda mais curto com o aumento da pressão parcial de oxigénio. O coeficiente de absorção ótica (α) das películas foi avaliado a partir dos dados de transmitância ótica (T). O intervalo de banda ótica (E_g) das películas foi estimado a partir dos gráficos de $(\alpha h\nu)^2$ versus a energia dos fotões (hv) utilizando a relação de Tauc [18]. Os gráficos de $(\alpha h\nu)^2$ versus energia do fotão (hv) exibiram uma variação linear que indica que as transições diretas têm lugar nestas películas. A extrapolação da parte linear destes gráficos para $\alpha = 0$ resultou no intervalo de banda ótica das películas.

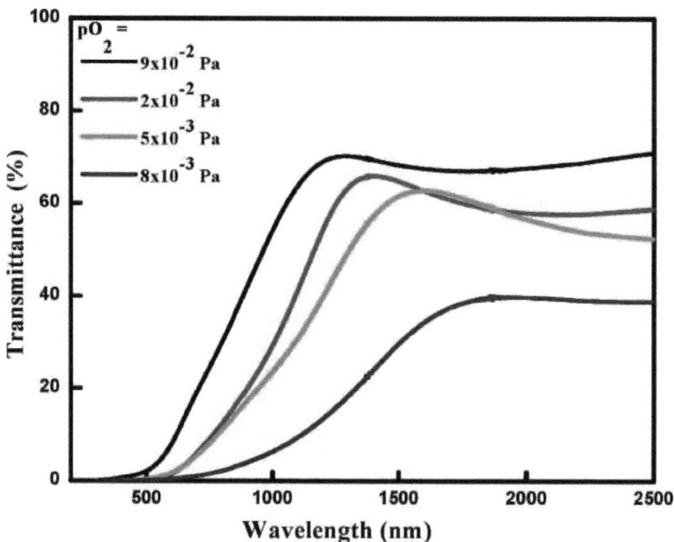

Figura 3.12 Espectros de transmitância ótica de películas de Ag_2O formadas com diferentes pressões parciais de oxigénio

A dependência do intervalo de banda ótica das películas de Ag_2O com a pressão parcial de oxigénio é mostrada na Figura 3.13. O intervalo de banda das películas aumentou de 1,50 para 2,13 eV com o aumento da pressão parcial de oxigénio de $5x10^{-3}$ para $9x10^{-2}$ Pa, respetivamente. As películas formadas a uma pressão parcial de oxigénio de $2x10^{-2}$ Pa foram de 2,05 eV. Gao et al. [9] registaram um intervalo de banda ótica de 2,32 eV através de um modelo de oscilador único. Varkey e Fort [19] registaram um intervalo de banda ótica de 2,25 eV em filmes de Ag_2O produzidos por deposição por banho químico. Pierson et al. [20] registaram um intervalo de banda ótica de 2,23 eV em películas de Ag_2O depositadas a 9 sccm por pulverização catódica reactiva. Ravi Chandra Raju et al. [21] registaram um intervalo de banda ótica de 1,0 eV em películas finas de AgO preparadas por deposição de laser pulsado.

Rivers et al. [10] obtiveram um elevado intervalo de banda ótica de 3,3 eV em películas de Ag_2O formadas por evaporação de prata na presença de plasma de oxigénio ECR. Os valores de intervalo de banda ótica registados para as películas de Ag_2O puro variaram em função do método de deposição utilizado e dos parâmetros de processo mantidos durante o crescimento das películas. As películas formadas a uma pressão parcial de oxigénio elevada de $9x10^{-2}$ Pa eram de AgO e apresentavam um intervalo de banda ótica de 2,13 eV.

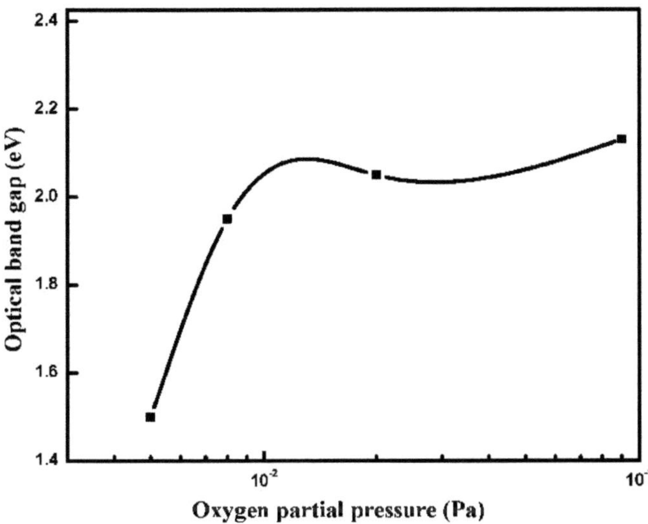

Figura 3.13 Dependência do intervalo de banda ótica das películas de Ag_2O com as pressões parciais de oxigénio

Os estudos sobre a influência da pressão parcial de oxigénio nas propriedades físicas das películas revelaram que as películas monofásicas de Ag_2O com uma resistividade eléctrica de $5{,}2\times10^{-3}$ Ωcm e um intervalo de banda ótica de 2,05 eV foram obtidas a uma pressão parcial de oxigénio de 2×10^{-2} Pa. Assim, a pressão parcial de oxigénio de 2×10^{-2} Pa foi fixada para as películas formadas a diferentes temperaturas do substrato e tensões de polarização do substrato, a fim de estudar a influência da temperatura do substrato e da tensão de polarização do substrato nas propriedades físicas das películas depositadas.

3.4. Efeito da temperatura do substrato nas propriedades físicas das películas de Ag_2O

O efeito da temperatura do substrato nas propriedades físicas foi estudado nas películas formadas a uma pressão parcial de oxigénio constante de 2×10^{-2} Pa e a diferentes temperaturas do substrato na gama 303 - 523 K. As propriedades estruturais, eléctricas e ópticas foram altamente induzidas pela temperatura do substrato mantida durante o crescimento das películas.

3.4.1. Taxa de deposição

A taxa de deposição das películas foi influenciada pela temperatura do substrato. A variação da taxa de deposição com a temperatura do substrato das películas é apresentada na Figura 3.14.

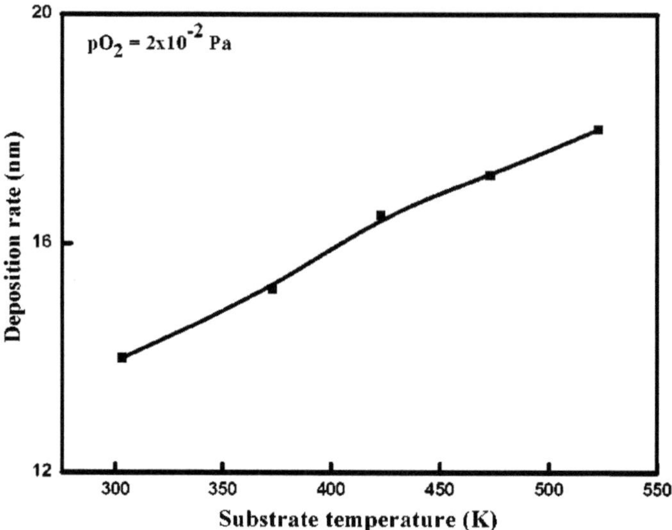

Figura 3.14 Dependência da taxa de deposição de películas de Ag_2O com a temperatura do substrato

A taxa de deposição das películas aumentou de 14 para 17,5 nm/min com o aumento da temperatura do substrato de 303 para 523 K. É de notar que a formação da fase de óxido durante a pulverização catódica reactiva ocorre quase perto da superfície do substrato e a taxa de reação aumenta com o aumento da temperatura do substrato, o que leva a uma maior taxa de deposição [20].

3.4.2. Estudos de XRD

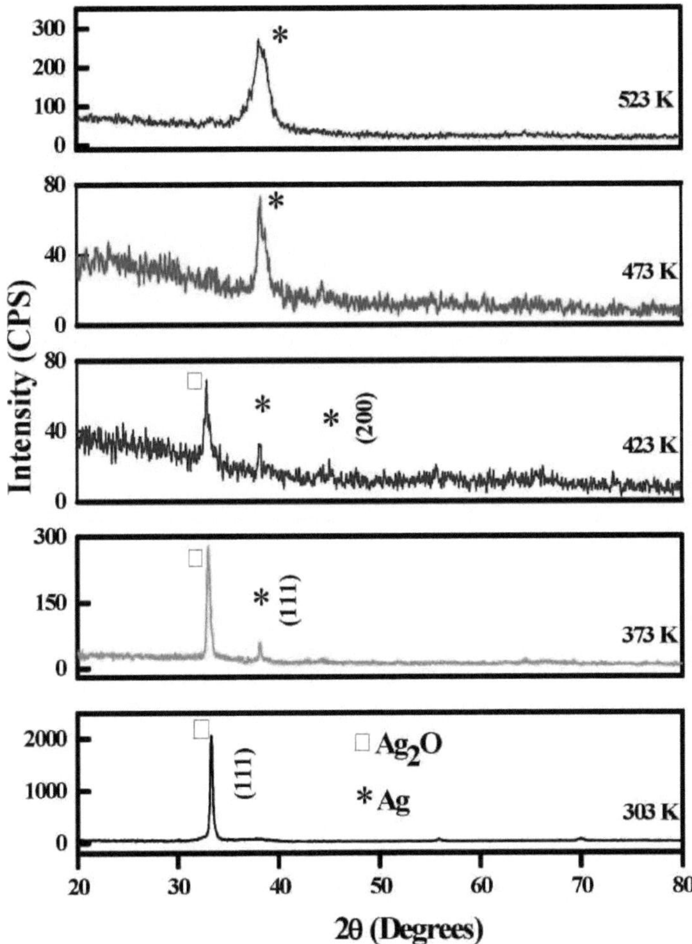

Figura 3.15 Perfis XRD de películas de Ag_2O depositadas a diferentes temperaturas do substrato

A Figura 3.15 mostra os perfis de difração de raios X de películas de óxido de prata depositadas a uma pressão parcial de oxigénio constante de $2x10^{-2}$ Pa e a diferentes temperaturas do substrato na gama dc 303 - 523 K. As películas formadas à temperatura ambiente (303 K) apresentaram um pico forte a 32,8° e dois picos fracos adicionais localizados a 54,9° c 68,7°. Estes três picos correspondem às reflexões (111), (220) e (222) do Ag_2O de estrutura cúbica. As películas crescidas à temperatura ambiente eram de natureza policristalina. As películas formadas à temperatura do substrato de 373 K mostraram a diminuição da intensidade da reflexão (111) do Ag_2O juntamente com a presença de um pico fraco adicional a 38,1$^{(o)}$ que corresponde à reflexão (111) do Ag. A diminuição acentuada da reflexão (111) do Ag_2O indica a decomposição do Ag_2O em Ag. As películas formadas à temperatura do substrato de 423 K apresentaram um comportamento semelhante, juntamente com um pico adicional a 44,3° que corresponde à reflexão (200) da Ag. Com o aumento da temperatura do substrato para 473 K, a reflexão (111) do Ag_2O desapareceu completamente e a intensidade do plano (111) do Ag aumentou drasticamente. Os resultados de XRD não evidenciaram a presença da fase Ag_2O nas películas depositadas a temperaturas do substrato superiores a 473 K. Isto indica que o Ag_2O se decompôs completamente em Ag. Um comportamento semelhante foi observado a 523 K. Este resultado de decomposição em Ag_2O também foi relatado na literatura [11, 22]. A Figura 3.16 mostra a variação do tamanho de cristalito dos filmes de Ag_2O com a temperatura do substrato. O tamanho do cristalito aumentou de 20 para 35 nm com o aumento da temperatura do substrato de 303 para 423 K devido à melhoria da cristalinidade dos filmes. A uma temperatura mais elevada do substrato de 473 K, o tamanho dos cristais diminui drasticamente para 17 nm.

Tabela 3.3 Tamanho dos cristais e densidade de deslocação das películas de Ag_2O formadas a diferentes temperaturas do substrato

Temperatura do substrato (K)	Tamanho do cristalito (nm)	Densidade de deslocação (nm^{-2})
303	20	$2.5x10^{-3}$
373	25	$1.6x10^{-3}$
423	35	$8.2x10^{-4}$
473	17	$3.5x10^{-3}$
523	6	$2.8x10^{-2}$

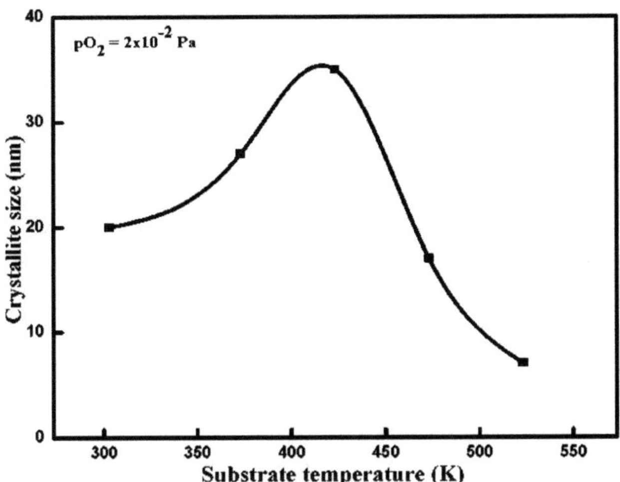

Figura 3.16 Variação do tamanho dos cristais das películas de Ag_2O com a temperatura do substrato

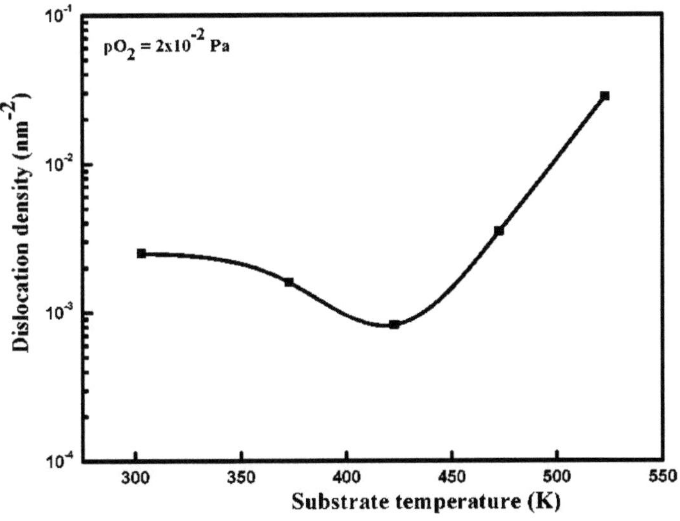

Figura 3.17 Dependência da densidade de deslocação das películas de Ag_2O com a temperatura do substrato

A uma temperatura mais elevada do substrato de 523 K, o tamanho dos cristais diminui ainda mais para 7 nm. A diminuição do tamanho dos cristais a temperaturas de substrato mais elevadas deve-se à decomposição do Ag_2O em Ag. A Tabela 3.3 mostra os parâmetros de rede, as densidades de deslocação e o tamanho dos cristalitos das películas formadas a diferentes temperaturas do substrato. A Figura 3.17 mostra a dependência da densidade de deslocação nas películas com as temperaturas do substrato. A densidade de deslocação das películas formadas a 303 K era de 2,5x10^{-3} nm^{-2}. Diminuiu para 8,4x10^{-4} nm^{-2} à temperatura do substrato de 423 K devido à melhoria da cristalinidade das películas. Após um aumento da temperatura do substrato para 523 K, a densidade de deslocação aumentou para 2,8x10^{-2} nm^{-2} devido à deformação de Ag2O em Ag.

3.4.3. Estudos FTIR

Os espectros de absorção no infravermelho com transformada de Fourier das películas de Ag2O formadas a diferentes temperaturas do substrato são apresentados na Figura 3.18.

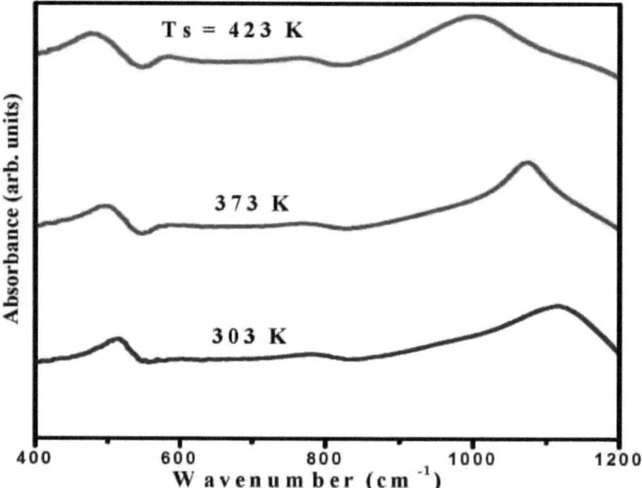

Figura 3.18 Espectros de transmitância no infravermelho com transformada de Fourier (FTIR) de películas de Ag2O formadas a diferentes temperaturas do substrato

Os espectros FTIR das películas de Ag2O formadas à temperatura do substrato de 303 K mostraram uma banda de absorção de infravermelhos mais forte a cerca de 518 cm^{-1} correspondente ao modo de vibração de estiramento Ag-O do Ag2O [15]. Quando a temperatura do substrato aumentou para 373 K, a banda de absorção deslocou-se para 498 cm^{-1} com a presença de outra banda larga fraca em torno de 567 cm^{-1}. As películas depositadas à temperatura do substrato de 423 K apresentaram uma banda de absorção a 480 cm^{-1} juntamente com outro pico a 518 cm^{-1}. Quando a temperatura do substrato aumentou de 303 para 423 K, o pico de absorção a 518 cm^{-1} deslocou-se para o lado do número de onda inferior. Isto indica a decomposição de Ag2O em Ag metálica. Os estudos FTIR estão em boa concordância com os dados registados [15]. Por conseguinte, as películas formadas a 303 K eram da fase Ag2O, enquanto as depositadas a uma temperatura elevada do substrato de 423 K eram da fase mista de Ag2O e Ag.

3.4.4. Estudos AFM

A Figura 3.19 mostra micrografias de força atómica tridimensionais e bidimensionais correspondentes de películas formadas a diferentes temperaturas de substrato. As micrografias mostram uma morfologia diferente no crescimento de grãos superficiais, dependendo da temperatura do substrato. As micrografias de força atómica das películas formadas à temperatura ambiente mostraram grãos de forma esférica com tamanho de grão de 85 nm. Quando a temperatura do substrato aumentou para 473 K, o tamanho dos grãos aumentou para 215 nm, com uma alteração dos grãos para uma forma piramidal.

A Figura 3.20 mostra a variação do tamanho de grão das películas de Ag2O com as temperaturas do substrato. O tamanho do grão das películas aumentou com o aumento da temperatura do substrato. As películas formadas a 303 K eram uniformes com uma rugosidade quadrada média de 4,50 nm. A rugosidade média quadrática das películas formadas a temperaturas de substrato de 423 e 473 K é de 7,97 e 10,88 nm, respetivamente.

A Figura 3.21 mostra a variação da rugosidade média quadrática das películas de Ag2O com a temperatura do substrato. A rugosidade das películas aumentou com o aumento da temperatura do substrato. A superfície da película torna-se muito rugosa com o aumento da temperatura do substrato, o que pode ser devido à decomposição do Ag2O em Ag.

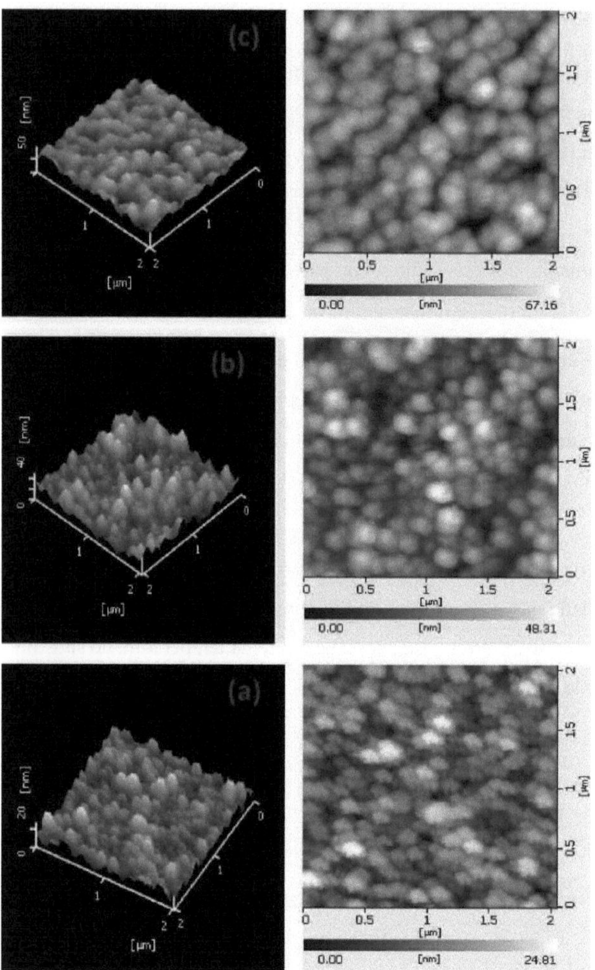

Figura 3.19 Micrografias AFM 3d- e 2d- de películas de Ag_2O formadas a diferentes temperaturas do substrato: (a) 303 K, (b) 423 K e (c) 473 K

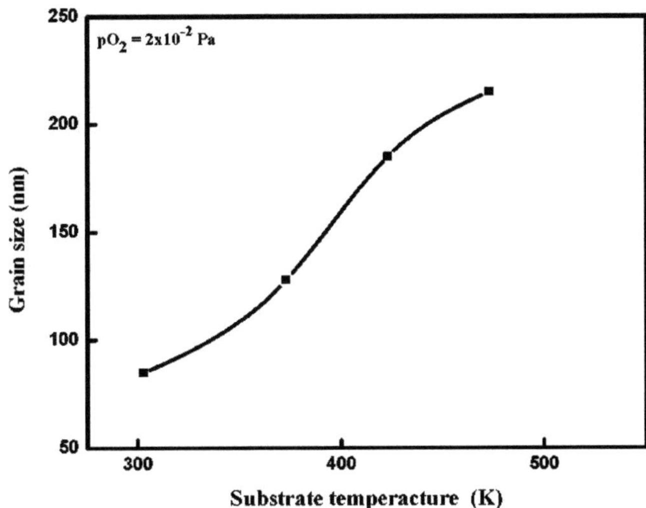

Figura 3.20 Variação do tamanho de grão das películas de Ag_2O com a temperatura do substrato

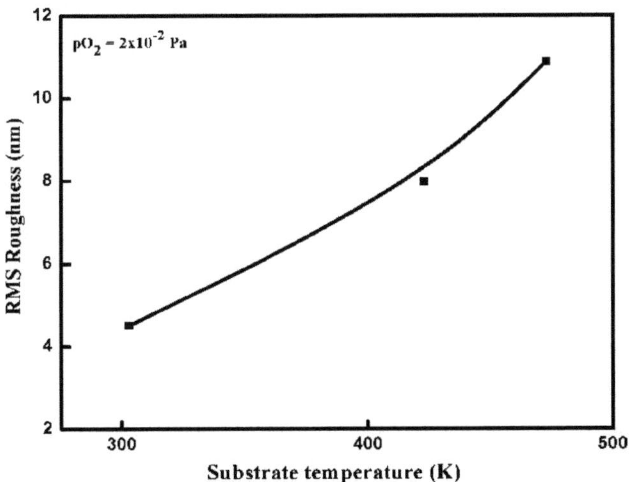

Figura 3.21 Variação dos valores RMS das películas de Ag_2O com a temperatura do substrato

3.4.5. Estudos eléctricos

A resistividade eléctrica das películas depositadas é muito sensível ao crescimento da fase e à sua microestrutura. A temperatura do substrato influenciou fortemente as propriedades eléctricas das películas depositadas. A dependência da resistividade eléctrica das películas com a temperatura do substrato é mostrada na Figura 3.22. As películas monofásicas de Ag_2O formadas à temperatura ambiente apresentaram uma resistividade eléctrica de $5,2x10^{-3}$ Ωcm. A resistividade eléctrica das películas formadas a 423 K foi de 3,5x10⁻³ Ωcm. As películas depositadas a temperaturas de substrato mais elevadas de 473 e 523 K apresentaram resistividades eléctricas mais baixas de $4{,}2\times10^{-4}$ e $4{,}9\times10^{(-4)}$ Ωcm, respetivamente. É evidente que a diminuição acentuada da resistividade eléctrica a temperaturas de substrato mais elevadas se deve à decomposição do Ag_2O em Ag. Sant et al. [6] relataram que a resistividade eléctrica das películas de óxido de prata pulverizadas por magnetrão aumenta de $1{,}3\times10^{2}$ para $4{,}5\times10^{(2)}$ Ωcm com o aumento do teor de oxigénio de 1 para 5%. A resistividade eléctrica das películas de prata formadas em árgon puro era de $2{,}8\times10^{(-5)}$ Ωcm e aumentou para $2{,}3\times10^{(-4)}$ Ωcm com um caudal de oxigénio de 1,71 sccm [12].

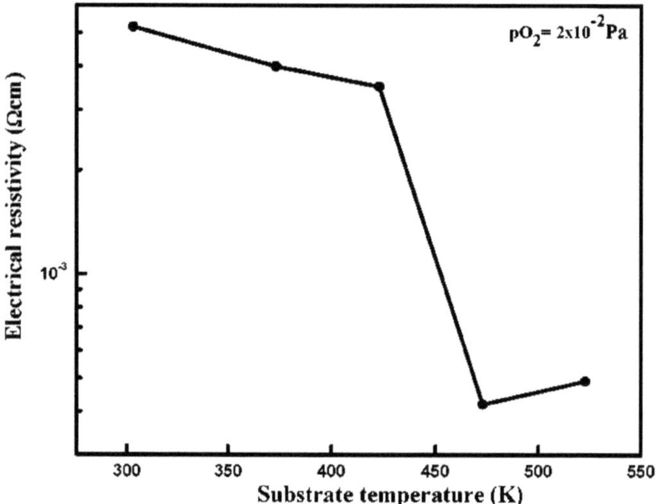

Figura 3.22 Variação da resistividade eléctrica das películas de Ag_2O com a temperatura do substrato

3.4.6. Estudos ópticos

A Figura 3.23 mostra a dependência do comprimento de onda da transmitância ótica das películas formadas a diferentes temperaturas do substrato. A transmitância ótica das películas formadas a 303 K foi de cerca de 55%. A transmitância ótica das películas aumentou com o aumento da temperatura do substrato até 423 K. O bordo de absorção ótica das películas deslocou-se para comprimentos de onda inferiores com o aumento da temperatura do substrato. A dependência do intervalo de banda ótica das películas de Ag_2O com a temperatura do substrato é mostrada na Figura 3.24. O intervalo de energia ótica das películas aumentou de 2,05 para 2,20 eV com o aumento da temperatura do substrato de 303 para 423 K. Recentemente, Ma et al. [23] relataram que o intervalo de energia ótica das películas de Ag_2O diminuiu de 3,25 para 2,77 eV com o aumento da temperatura do substrato de 100 para 225 oC.

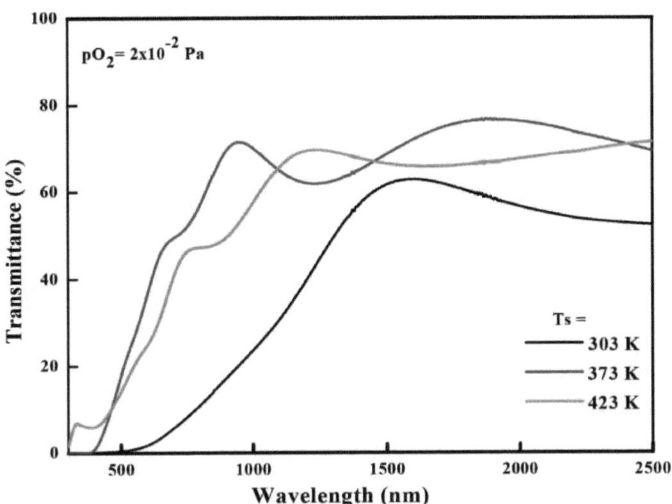

Figura 3.23 Espectros de transmitância ótica de películas de Ag_2O de várias temperaturas de substrato

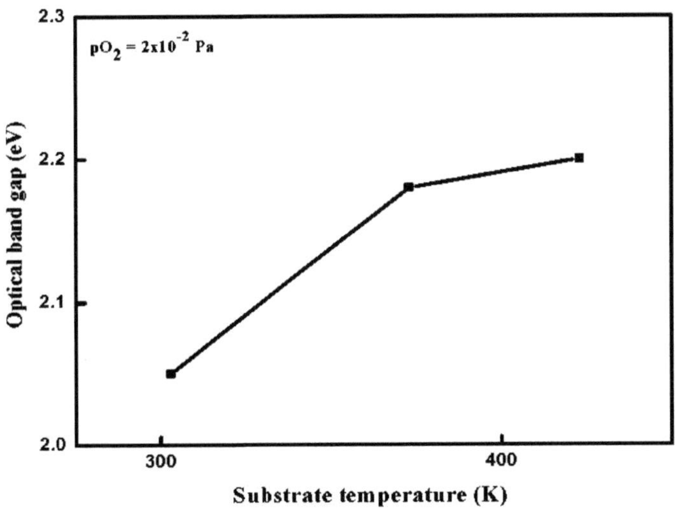

Figura 3.24 Dependência do intervalo de banda ótica das películas de Ag_2O com a temperatura do substrato

3.5. Efeito da tensão de polarização do substrato nas propriedades físicas das películas de Ag_2O

A principal vantagem de polarizar o substrato na pulverização catódica por magnetrão leva à produção de películas em substratos não aquecidos, o que permite utilizar substratos sensíveis à temperatura para aplicações em dispositivos electrónicos transparentes. Assim, para estudar a influência da tensão de polarização do substrato nas propriedades físicas das películas de Ag_2O, as películas foram formadas em substratos de vidro mantidos à temperatura ambiente sob a pressão parcial de oxigénio optimizada de $2x10^{-2}$ Pa e sob várias tensões de polarização do substrato na gama de 0 a -60 V.

3.5.1. Taxa de deposição

A variação da taxa de deposição com a tensão de polarização do substrato é apresentada na Figura 3.25. A taxa de deposição das películas aumentou de 14 para 17,5 nm/min com o aumento da tensão de polarização do substrato de 0 para -30 V, tendo diminuído para 13 nm/min com uma tensão de polarização mais elevada de -60 V.

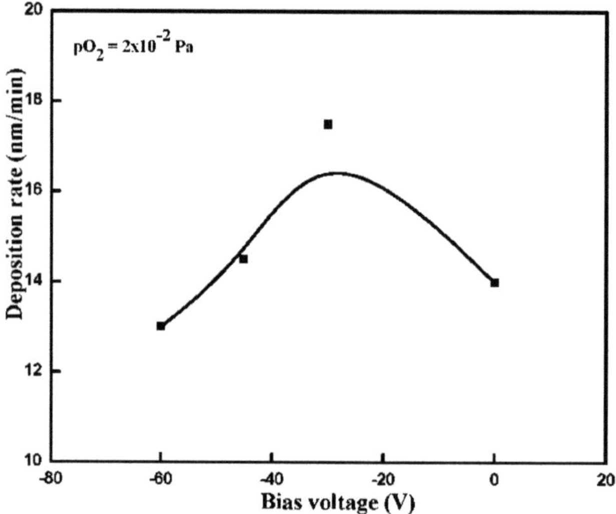

Fig.3.25 Dependência da taxa de deposição de películas de Ag_2O com a tensão de polarização do substrato

O aumento inicial da taxa de deposição com a tensão de polarização do substrato deveu-se à atração de moléculas carregadas positivamente e de aglomerados de espécies pulverizadas no plasma, o que aumenta a reação das espécies pulverizadas na superfície do substrato. Com tensões de polarização do substrato mais elevadas, o bombardeamento de iões volta a pulverizar a película depositada, diminuindo assim a taxa de deposição.

3.5.2. Estudos de XRD

A Figura 3.26 mostra os padrões de difração de raios X das películas de óxido de prata formadas com diferentes tensões de polarização do substrato. As películas formadas em substrato não polarizado apresentaram uma reflexão forte (111) juntamente com reflexões fracas de (220) e (222) que correspondem ao crescimento de Ag_2O monofásico. . Os filmes formados com uma tensão de polarização do substrato de -30 V mostraram uma forte textura (111) com grãos de Ag_2O de grandes dimensões. Com uma tensão do substrato de -45 V, os filmes apresentaram uma fase mista de Ag_2O (111) e Ag (111). As películas formadas com uma tensão de polarização do substrato superior a -60 V apresentam um fundo amorfo devido à decomposição de Ag_2O em prata metálica. O tamanho dos cristais das películas aumentou de 5,3 para 18,2 nm com o aumento da tensão de polarização do substrato de 0 para -30 V. Isto indicou que as películas cultivadas na presente investigação eram nanocristalinas.

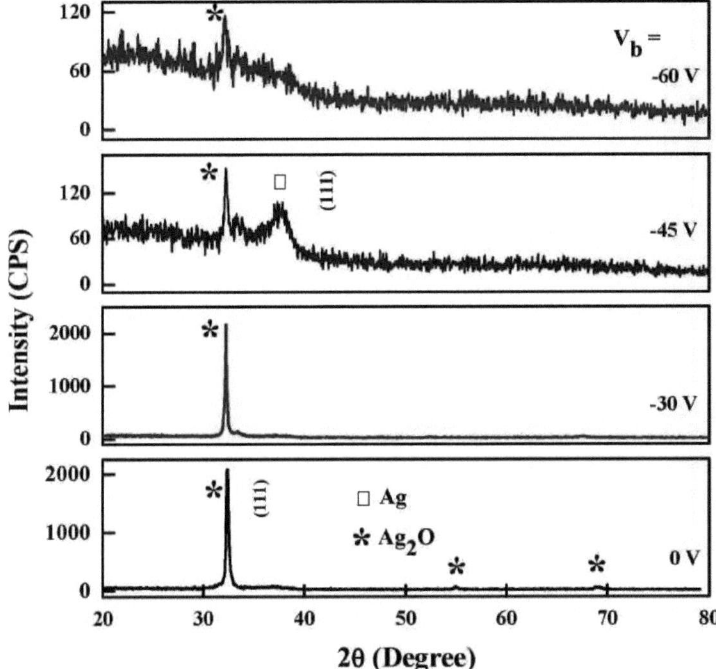

Figura 3.26 Perfis XRD dos filmes de Ag_2O formados com diferentes tensões de polarização do substrato

3.5.3. Estudos AFM

A Figura 3.27 mostra as micrografias de força atómica tridimensionais e bidimensionais das películas formadas com diferentes tensões de polarização do substrato. As micrografias de força atómica das películas formadas em substratos não polarizados mostram grãos de forma esférica com um tamanho de grão de 85 nm. Quando a tensão de polarização do substrato aumentou para -30 V, o tamanho dos grãos aumentou para 230 nm, com uma mudança para uma forma piramidal. As películas formadas em substratos não polarizados eram uniformes com uma rugosidade quadrada média de 4,50 nm. A rugosidade quadrada média das películas formadas com tensões de polarização do substrato de -30 e -45 V é de 8,2 e 9,8 nm, respetivamente. A rugosidade das películas aumentou com o aumento da tensão de polarização do substrato. Pode concluir-se que a superfície da película se torna muito mais rugosa com o aumento da tensão de polarização do substrato devido à decomposição de Ag_2O em Ag.

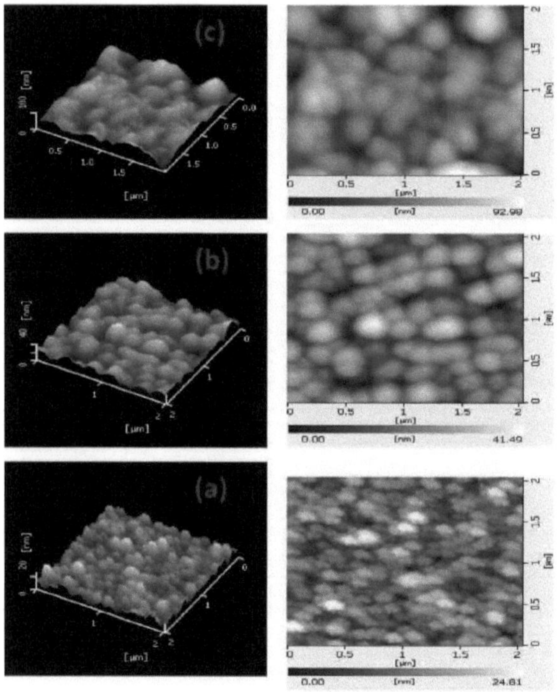

Figura 3.27 Micrografias AFM 3d- e 2d- de filmes de Ag_2O formados com tensões de polarização do substrato: (a) 0 V, (b) - 30 V e (c) - 45 V

3.5.4. Estudos eléctricos

A dependência da resistividade eléctrica das películas com a tensão de polarização do substrato é apresentada na Figura 3.28 A tensão de polarização do substrato influenciou fortemente as propriedades eléctricas das películas depositadas. As películas monofásicas de Ag_2O formadas em substrato não polarizado apresentaram uma resistividade eléctrica de 5,2x10^ $^{(3)\ \Omega cm}$. A resistividade eléctrica das películas de Ag_2O diminuiu notavelmente com o aumento da tensão de polarização do substrato para -30 V. Com uma tensão de polarização do substrato óptima de -30 V, as películas de Ag_2O mostraram-se nanocristalinas com uma baixa resistividade eléctrica de 1,2x10^ $^{(3)\ \Omega cm}$. As películas depositadas com uma tensão de polarização do substrato mais elevada de -45 e -60 V apresentaram uma resistividade eléctrica de 3,2x10^{-4} e 3,9x$10^{(-4)}$ Ωcm, respetivamente [24]. A diminuição acentuada da resistividade eléctrica com uma tensão de polarização mais elevada deve-se à decomposição de Ag_2O em Ag. A resistividade eléctrica das películas de prata formadas em árgon puro era de 2,8x10^{-5} Ωcm e aumentou para 2,3x10^{-4} Ωcm com um caudal de oxigénio de 1,71 sccm [12]. Pierson et al. [20] referiram que as películas de Ag_2O preparadas por pulverização catódica por magnetrão RF apresentavam uma resistividade eléctrica na gama de 10^4 - $10^{(5)}$ Ωcm.

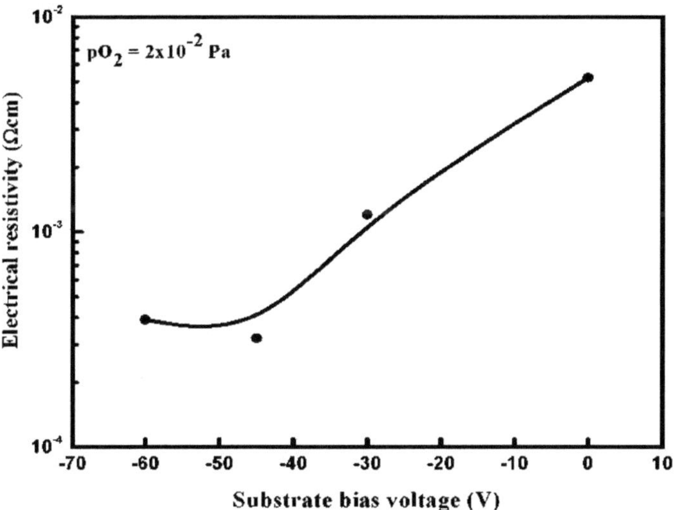

Figura 3.28 Variação da resistividade eléctrica das películas de Ag_2O com a tensão de polarização do substrato

3.5.5. Estudos ópticos

A figura 3.29 mostra a dependência do comprimento de onda da transmitância ótica das películas formadas com diferentes tensões de polarização do substrato. A transmitância ótica das películas formadas em substratos não polarizados foi de cerca de 55 %. A transmitância ótica das películas aumentou para 62 % com uma tensão de polarização do substrato de -30 V, enquanto que com uma tensão de polarização do substrato mais elevada, de -60 V, diminuiu para 35 %. A transmitância ótica das películas de Ag_2O aumentou com o aumento da tensão de polarização do substrato até -30 V e o bordo de absorção ótica deslocou-se para o lado do comprimento de onda inferior. A Figura 3.30 mostra a dependência do intervalo de banda ótica das películas de Ag_2O com a tensão de polarização do substrato. O intervalo de banda ótica das películas, determinado a partir do bordo de absorção, aumentou de 2,05 para 2,20 eV com o aumento da tensão de polarização do substrato de 0 para -30 V e depois diminuiu para 1,9 e 1,6 eV com as tensões de polarização do substrato de -45 e -60 V, respetivamente. Gao et al. [25] relataram que as películas monofásicas cúbicas de Ag_2O depositadas com uma potência de pulverização de 105 W têm um intervalo de banda ótica de 2,86 eV.

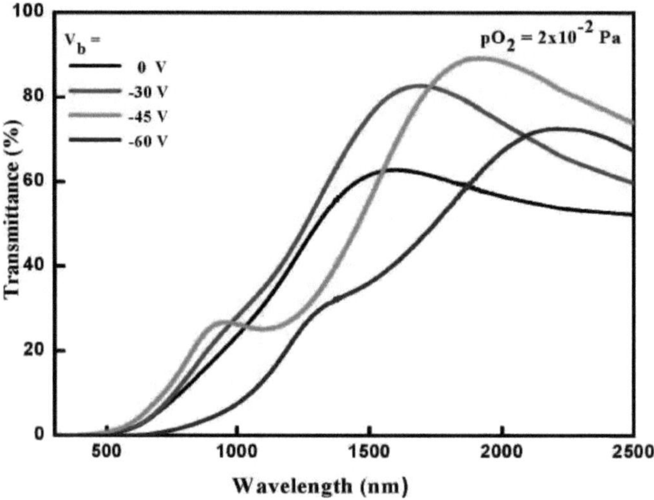

Figura 3.29 Espectros de transmitância ótica de películas de Ag_2O formadas com diferentes tensões de polarização do substrato

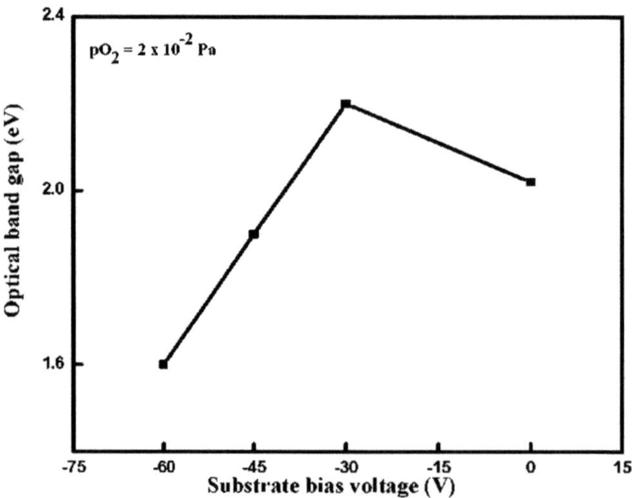

Figura 3.30 Dependência do intervalo de banda ótica das películas de Ag_2O com a tensão de polarização do substrato

Referências

[1] A. Sivasankar Reddy, G. Venkata Rao, S. Uthanna e P. Sreedhara Reddy, Mater. Lett., 60

(2006) 1617.

[2] R. Snyders, M. Wautelet, R. Gouttebaron, J. P. Dauchot e M. Hecq, Surf. Coat. Technol., 174 (2003) 1282.

[3] J.F. Pierson, C. Petitjean e D. Horwat, Plasma Process. Polymers, 6 (2009) 393.

[4] L.H. Tjeng e M.B.J. Meinders, Phys. Rev. B 41 (1990) 3190.

[5] P. Narayana Reddy, A. Sreedhar, M. Hari Prasad Reddy, S. Uthanna e J.F. Pierson, Cryst. Research Technol, 46 (2011) 961.

[6] S.B. Sant, D.G. Weir e R.E. Burrell, Scripta Materialia, 61 (2009) 907.

[7] Y. Abe, T. Hasegawa, M. Kawamura e K. Sasaki, Vacuum, 76 (2004) 1.

[8] M.F. Al-Kuhaili, J. Phys D: Appl. Phys., 40 (2007) 2847.

[9] X.Y. Gao, H.L. Feng, J.M. Ma, Z.Y. Zhang, J.X. Lu, Y.S. Chen, S.E. Yang e J.H. Gu, Physica B, 405 (2010) 1922.

[10] S.B. Rivers, G. Bernhardt, M.W. Wright, D.J. Frankel, M.M. Steeves e R.J. Lad, Thin Solid Films, 515 (2007) 8684.

[11] X.Y. Gao, Z.Y. Zhang, J.M. Ma, J.X. Lu, J.H. Gu e S.E. Yang, Chin. Phys., B 20 (2011) 026103.

[12] U.K. Barik, S. Srinivasan, C.L. Nagendra e A. Subrahmanyam, Thin Solid Films, 29 (2003) 129.

[13] Y.C. Her, Y.C. Lan, W.C. Hsu e S.Y. Tsai, Jpn. J. Appl. Phys., 43 (2004) 267.

[14] B.D. Cullity, Elements of X-ray Diffraction, 2nd Edn. Addition-Wesley, Reading, MA, (1978).

[15] G.I.N. Waterhouse, G.A. Bowmaker e J.B. Metson. Físico-Química. Chem.Phys., 3 (2001) 3838.

[16] S.G. Wu, F. Zhang e G. Tian, Optik, 122 (2011) 1.

[17] B.E. Breyfogle, C.J. Hung, M.G. Shumsky e J.A. Switzer, J. Electrochem. Soc., 143 (1996) 2741.

[18] J. Tauc, Amorphous and Liquid Semiconductors, Plenum Press, Nova Iorque (1974).

[19] A.J. Varkey e A.F. Fort, Solar Energy Mater. Solar Cells, 29 (1993) 253.

[20] J.F. Pierson, D. Wiederkehr e A. Billard, Thin Solid Films, 478 (2005) 196.

[21] N. Ravi Chandra Raju, K. Jagadeesh Kumar e A. Subrahmanyam, J. Phys. D: Appl. Phys., 42 (2009) 1354110.

[22] A.V. Kolobov, A.Rogalev, F. Wilhelm, N. Jaouen, T. Shima e J. Tominaga, Appl. Phys. Lett., 84 (2004) 1641.

[23] J.M. Ma, Y. Liang, X.Y. Gao, Z.Y. Zhang, C. Chen, M.K. Zhao, S.E. Yang, J.H. Gu, Y.S. Chen e J.X. Lu, Chin. Phys., B, 20 (2011) 056102.

[24] P. Narayana Reddy, M. Hari Prasad Reddy, J.F. Pierson e S. Uthanna, AIP. Conf. Proc; Materials Physics and Applications, 1391 (2011) 570.

[25] X.Y. Gao, Z.Y. Zhang, J.M. Ma, J.X. Lu, J.H. Gu e S.E. Yang, Chin. Phys. B, 20 (2011) 026103.

CAPÍTULO - IV RESULTADOS E DISCUSSÕES SOBRE AS FILMES DE AG-CU-O

4.1. Preparação de películas Ag-Cu-O

Nos presentes estudos, as películas finas de Ag-Cu-O foram depositadas em vidro bem limpo e em substratos de silício do tipo (111) p por pulverização catódica magnetrónica RF de um alvo $Ag_{80}Cu_{20}$ em mosaico a diferentes pressões parciais de oxigénio e temperaturas do substrato. As condições de deposição mantidas durante o crescimento das películas finas de Ag-Cu-O são apresentadas na Tabela 4.1.

Tabela 4.1 Parâmetros de deposição para o crescimento de películas finas de Ag-Cu-O.

Alvo de pulverização catódica: $Ag_{80}Cu_{20}$ (50 mm de diâmetro e 3 mm de espessura)

Pressão máxima	: $2x10^{-4}$ Pa
Distância entre o alvo e o substrato	: 65 mm
Pressão parcial de oxigénio	: $5x10^{-3}$ - $5x10^{-2}$ Pa
Pressão de pulverização	: 4 Pa
Temperatura do substrato	: 303 - 523 K
Potência de pulverização	: 65 W (3,3 W/cm^2)

4.2. Caracterização das películas Ag-Cu-O

As películas de óxido de cobre-prata formadas em diferentes condições de deposição foram caracterizadas quanto à composição química, energias de ligação do nível central, configuração da ligação química, estrutura cristalográfica, morfologia da superfície, propriedades eléctricas e ópticas.

4.3. Efeito da pressão parcial de oxigénio nas propriedades físicas das películas de Ag-Cu-O

A fim de estudar a influência da pressão parcial de oxigénio nas propriedades físicas, as películas de Ag-Cu-O foram depositadas em substratos de vidro e de silício (111) à temperatura ambiente e a diferentes pressões parciais de $5x10^{-3}$ a $8x10^{-2}$ Pa por pulverização catódica magnetrónica RF.

4.3.1. Taxa de deposição

A espessura das películas depositadas, medida com o perfilómetro Veeco Dektak (modelo 150), situava-se na gama 210 - 250 nm. A figura 4.1 mostra a dependência da taxa de deposição com a pressão parcial de oxigénio das películas depositadas.

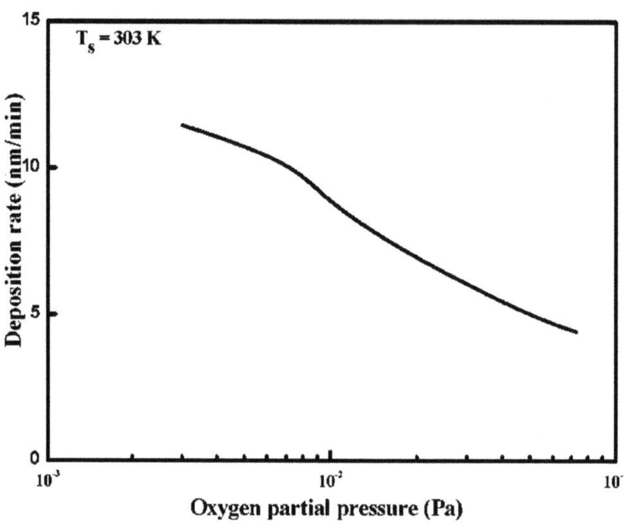

Figura 4.1 Variação da taxa de deposição de películas de Ag-Cu-O com a pressão parcial de oxigénio

A taxa de deposição das películas formadas a pressões parciais de oxigénio de $8x10^{-3}$ Pa foi de cerca de 10,5 nm/min. A taxa de deposição das películas preparadas a uma pressão parcial de oxigénio de $5x10^{-2}$ Pa diminuiu para 5,5 nm/min e a pressões parciais de oxigénio mais elevadas permanece quase constante. A elevada taxa de deposição a baixas pressões parciais de oxigénio deve-se ao elevado rendimento da pulverização catódica de prata-cobre metálica e à insuficiência de oxigénio disponível na câmara de pulverização catódica para reagir e formar óxido de prata-cobre. A diminuição da taxa de deposição com o aumento da pressão parcial de oxigénio deveu-se à diminuição do rendimento de pulverização das espécies metálicas na presença de gás reativo de oxigénio e à formação de películas de Ag-Cu-O. Para sistemas químicos moderados a altamente reactivos, o processo de pulverização reactiva apresenta uma diminuição abrupta da taxa de deposição de películas quando o processo se transforma no chamado modo de pulverização reactiva [1].

4.3.2. Estudos EDAX

A Figura 4.2 apresenta um espetro representativo de espetroscopia de energia dispersiva de uma película de Ag-Cu-O formada a uma pressão parcial de oxigénio de $2x10^{-2}$ Pa. A análise espectroscópica por dispersão de energia de raios X indicou que o teor de oxigénio nas películas estava correlacionado com a pressão parcial de oxigénio mantida na câmara de pulverização. A razão atómica entre o cobre e a prata era quase constante, com um valor de 0,208 + 0,010. A uma baixa pressão parcial de oxigénio de $5x10^{-3}$ Pa, o teor de oxigénio nas películas era de 38,6 at. %. As películas depositadas a uma pressão parcial de oxigénio de $2x10^{-2}$ Pa eram de 49,4 at. % e a pressões mais elevadas mantêm-se quase constante

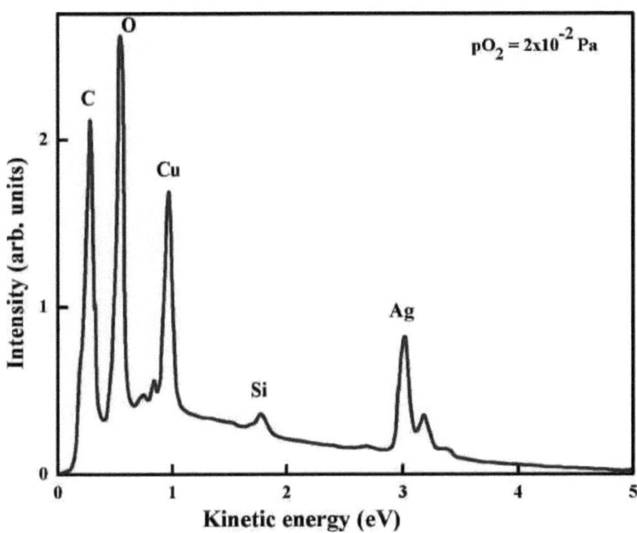

Figura 4.2 Um espetro EDS representativo da película Ag-Cu-O formada a uma pressão parcial de oxigénio de $2x10^{-2}$ Pa

. 4.3.3. Estudos XPS

As energias de ligação do nível central das películas depositadas foram determinadas a partir dos estudos de espetroscopia de fotoelectrões de raios X. A Figura 4.3 mostra um espetro XPS representativo da película Ag-Cu-O formada a uma pressão parcial de oxigénio de $2x10^{-2}$ Pa. Os picos aparentes no espetro incluem os níveis do núcleo de Ag e Cu e os picos de broca, os picos de O 1s, o pico de C 1s e os picos da banda de valência. O pico observado a cerca de 284,2 eV está relacionado com o C 1s devido à contaminação de carbono na superfície das películas, uma vez que estas foram expostas à atmosfera antes do estudo XPS. O pico do carbono desapareceu após 5 minutos de bombardeamento com iões de árgon sobre as películas. A varredura de pesquisa mostrou os picos nas energias de ligação do nível central de cerca de 368 e 374 eV relacionados com Ag $_{3d5/2}$ e Ag $_{3d3/2}$, respetivamente, devido à divisão spin-órbita dos níveis de energia [2]. O pico observado a cerca de 530 eV está relacionado com a energia de ligação do nível central do O 1s.

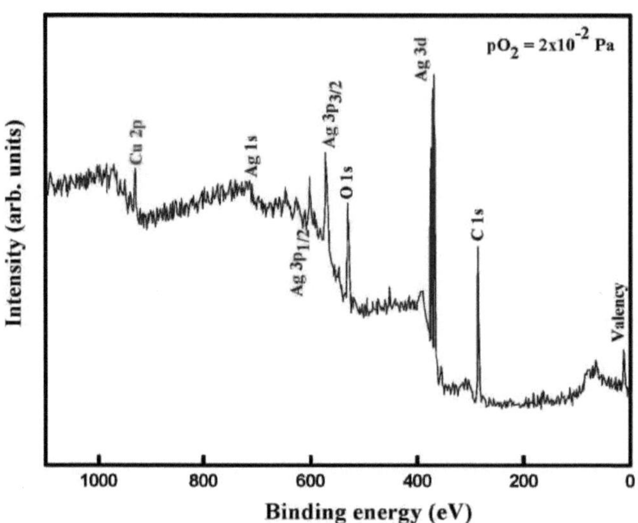

Figura 4.3 Levantamento XPS da película Ag-Cu-O formada a uma pressão parcial de oxigénio de $2x10^{-2}$ Pa

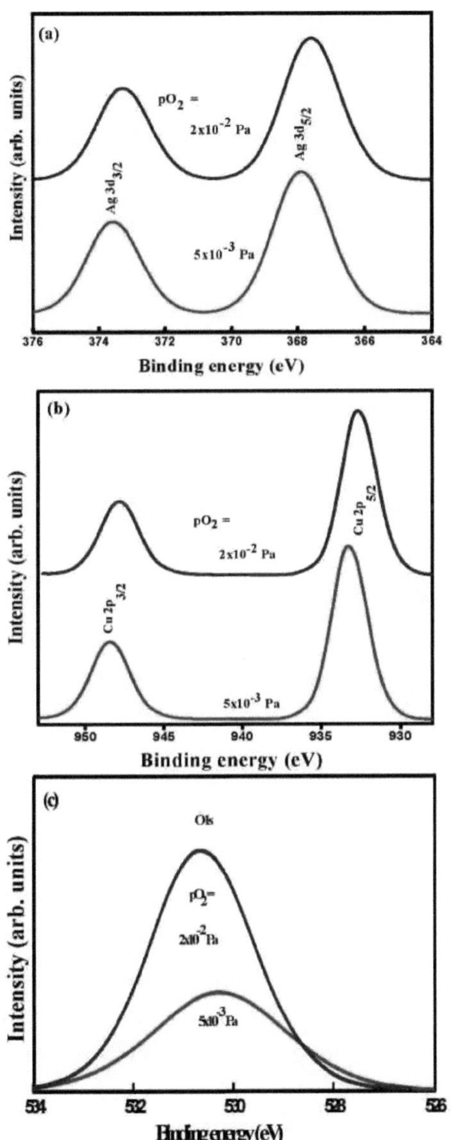

Figura 4.4 Energias de ligação do nível central por XPS das películas Ag-Cu-O: (a) Ag 3d, (b) Cu 2p e (c) O 1s.

Os picos localizados a cerca de 573 e 604 eV estão relacionados com as energias de ligação do nível central de Ag $_{3p3/2}$ e Ag $_{3p1/2}$, respetivamente. Os picos fracos observados a cerca de 934 e 954 eV correspondem às energias de ligação do nível do núcleo de Cu $_{2p3/2}$ e Cu $_{2p1/2}$, respetivamente. A Figura

4.4 mostra os espectros XPS de varrimento estreito nas gamas de 364 - 376 eV para a Ag 3d (Figura 4.4a), 928 - 953 eV para o Cu 2p (Figura 4.4b) e 526 - 534 eV para o O 1s (Figura 4.4c). As energias de ligação do nível central de Ag $_{3d5/2}$ passaram de 367,8 para 367,6 eV com o aumento da pressão parcial de oxigénio de $5x10^{-3}$ para $2x10^{-2}$ Pa, respetivamente. Note-se que a energia de ligação do nível central do Ag $_{3d5/2}$ era de 368,1 eV na prata e de 367,6 eV no Ag2O [2]. Isto indica que as películas formadas a uma baixa pressão parcial de oxigénio de $5x10^{-3}$ Pa mostraram o pico a 367,8 eV que não estava relacionado com Ag ou Ag2O. Quando a pressão parcial de oxigénio aumentou para $2x10^{-2}$ Pa, o pico Ag $_{3d5/2}$ foi localizado a 367,6 eV, indicando o crescimento do sistema ternário. Munoz-Rojas et al. [3] relataram que a energia de ligação do nível central de Ag $_{3d5/2}$ foi de 367,9 eV em Ag2Cu2O3 e 366,5 eV em Ag2Cu2O4.

As energias de ligação do nível central de Cu $_{2p3/2}$ dos filmes passaram de 933,2 para 932,7 eV com o aumento da pressão parcial de oxigénio de $5x10^{-3}$ para $2x10^{-2}$ Pa, respetivamente. As energias de ligação do nível central de Cu $_{2p3/2}$ relatadas foram 932,4 e 933,7 eV em Cu2O e CuO, respetivamente [4], enquanto que 933,0 e 932,9 eV em Ag2Cu2O3 e Ag2Cu2O4, respetivamente [3].

A energia de ligação do nível central de O 1s passou de 530,3 para 530,6 eV com o aumento da pressão parcial de oxigénio de $5x10^{-3}$ para $2x10^{-2}$ Pa, respetivamente. As energias de ligação do nível central de O1s foram de 530,8 e 530,7 eV para os compostos Ag2Cu2O3 e Ag2Cu2O4. Os espectros XPS indicaram o crescimento de filmes Ag-Cu-O em solução sólida a uma pressão parcial de oxigénio de $2x10^{-2}$ Pa.

4.3.4. Estudos de XRD

Os perfis de difração de raios X das películas depositadas a diferentes pressões parciais de oxigénio são apresentados na Figura 4.5. As películas formadas a uma baixa pressão parcial de oxigénio de $5x10^{-3}$ Pa eram amorfas em termos de raios X, com a presença de picos de difração fracos a 34,8 e 38,8° que indicavam os microcristalitos embebidos na matriz amorfa. O pico de difração observado a 34,8° está relacionado com a reflexão (202) do Ag2Cu2O3 [5]. Outro pico observado em 38,8° corresponde à reflexão (111) da Ag metálica [6]. Isto revelou que os filmes formados a baixas pressões parciais de oxigénio apresentavam uma fase mista de Ag2Cu2O3 e Ag. A presença de fase mista deveu-se à insuficiência de oxigénio disponível na câmara de pulverização catódica durante a deposição das películas. Quando a pressão parcial de oxigénio aumentou para $2x10^{-2}$ Pa, as películas crescidas eram de natureza policristalina. Os picos de difração de raios X observados a 35,2 e 70,3° correspondem às reflexões (202) e (008) do Ag2Cu2O3 e os picos observados a 40,8 e 59,2° correspondem às reflexões (111) e (3 12) do Ag2Cu2O4 [7]. Isto indica que os filmes de fase mista Ag2Cu2O3 e Ag2Cu2O4 foram formados na ausência de Ag elementar. Com o aumento da pressão parcial de oxigénio para $5x10^{-2}$ Pa, o pico (3 12) do Ag2Cu2O3 desapareceu e a intensidade dos picos

(008) do Ag2Cu2O3 aumentou. O tamanho dos cristais das películas formadas a uma pressão parcial de oxigénio de $2x10^{-2}$ Pa era de cerca de 15 nm. Após um aumento da pressão parcial de oxigénio para $5x10^{-2}$ Pa, o tamanho dos cristalitos diminuiu para 10 nm.

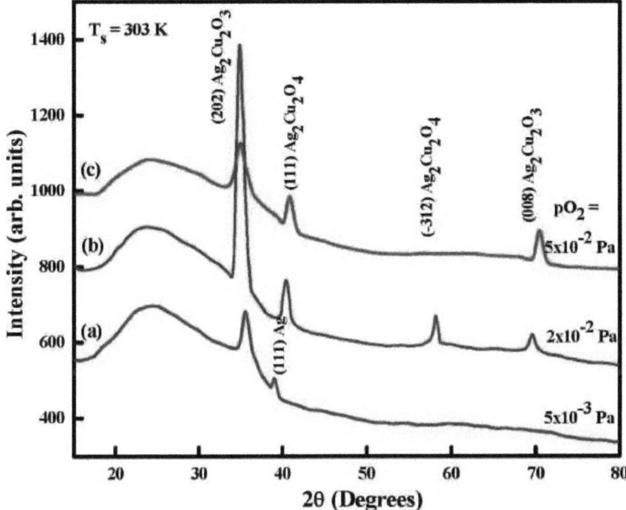

Figura 4.5 Perfis de difração de raios X de películas Ag-Cu-O formadas a diferentes pressões parciais de oxigénio

4.3.5. Estudos AFM

A Figura 4.6 mostra micrografias de força atómica de películas Ag-Cu-O formadas a diferentes pressões parciais de oxigénio.

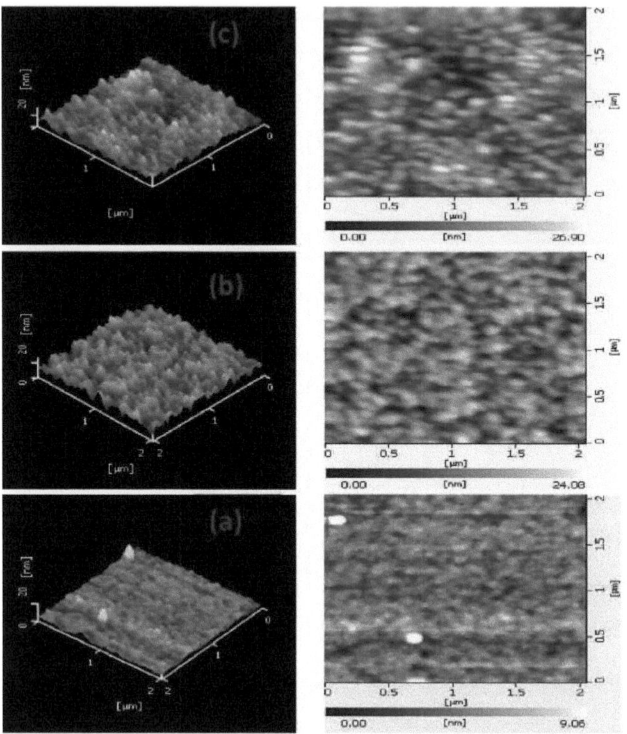

Figura 4.6 Micrografias AFM 3d- e 2d- de películas Ag-Cu-O formadas a diferentes pressões parciais de oxigénio: (a) $5x10^{-3}$ Pa, (b) $2x10^{-2}$ Pa e (c) $5x10^{-2}$ Pa

As películas finas de Ag-Cu-O depositadas a baixa pressão parcial de oxigénio de $5x10^{-3}$ Pa apresentavam uma estrutura de grão fino. A Figura 4.7 mostra a variação do tamanho do grão e da rugosidade da superfície das películas de Ag_2O com a pressão parcial de oxigénio. O tamanho do grão das películas aumentou de 35 para 132 nm com o aumento da pressão parcial de oxigénio de $5x10^{-3}$ para $5x10^{-2}$ Pa. A raiz quadrada média da rugosidade da superfície das películas aumentou de 1,31 para 4,27 nm com o aumento da pressão parcial de oxigénio de $5x10^{-3}$ para $5x10^{-2}$ Pa.

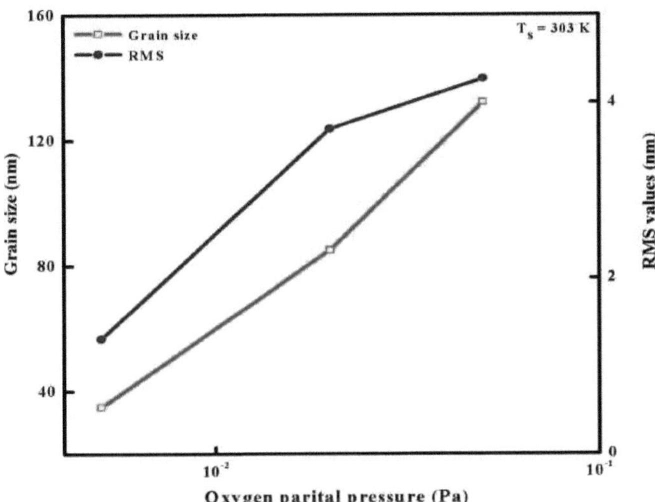

Figura 4.7 Variação dos valores RMS e do tamanho de grão das películas de Ag_2O com a pressão parcial de oxigénio

4.3.6. Estudos eléctricos

A variação da resistividade eléctrica das películas de Ag-Cu-O com a pressão parcial de oxigénio é apresentada na Figura 4.8. A resistividade eléctrica das películas formadas a baixa pressão parcial de oxigénio de $5x10^{-3}$ Pa foi de $1,8x10^{(-1)}$ Ωcm. A resistividade eléctrica das películas aumentou para 2,3 Ωcm com o aumento da pressão de oxigénio para $2x10^{-2}$ Pa. Aumentando ainda mais a pressão parcial de oxigénio para $8x10^{-2}$ Pa, a resistividade eléctrica aumentou para $1,2x10^{(2)}$ Ωcm. A resistividade eléctrica da prata pura foi de $1,6x10^{(-6)}$ Ωcm. As películas de Ag_2O formadas por pulverização catódica por magnetrão RF a uma pressão parcial de oxigénio de $2x10^{-2}$ Pa foram $3x10^{(-3)}$ Ωcm [8]. Ravi Chandra Raju et al. [9] referiram que a resistividade eléctrica das películas de AgO depositadas por laser pulsado era próxima de $2x10^{(5)}$ Ωcm. A baixa resistividade eléctrica a baixas pressões parciais de oxigénio deveu-se à presença de prata juntamente com a fase Ag2Cu2O3. As películas de Ag-Cu-O formadas por pulverização catódica com alvo $Ag_{50}Cu_{50}$ apresentaram uma resistividade eléctrica na gama de 1 - $5x10^{(-2)}$ Ωcm a taxas de fluxo de oxigénio mais elevadas, na gama de 20 - 30 sccm [10].

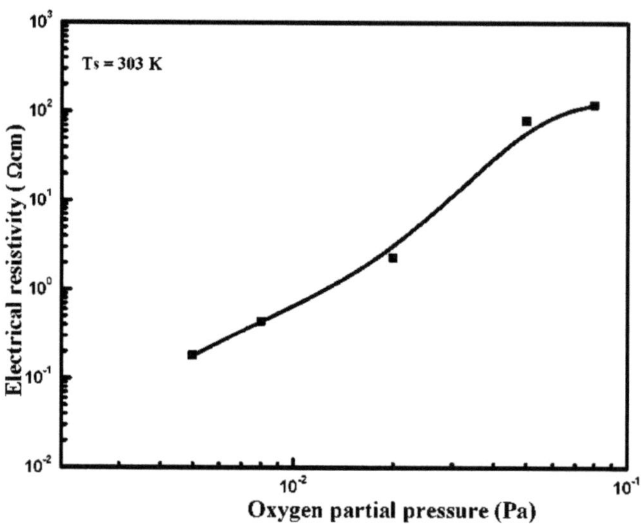

Figura 4.8 Variação da resistividade eléctrica das películas de Ag-Cu-O com a pressão parcial de oxigénio

4.3.7. Estudos ópticos

A Figura 4.9 mostra a dependência do comprimento de onda dos espectros de transmitância ótica das películas formadas a diferentes pressões parciais de oxigénio. As películas formadas a uma baixa pressão parcial de oxigénio de $5x10^{-3}$ Pa apresentaram uma baixa transmitância ótica devido à presença de prata metálica juntamente com Ag2Cu2O3. A baixa transmitância a baixa pressão parcial de oxigénio deveu-se à dispersão da luz pelos portadores de carga. A transmitância das películas aumentou com o aumento da pressão parcial de oxigénio.

A Figura 4.10 mostra os gráficos de $(\alpha h\nu)^2$ versus a energia dos fotões (hν) das películas Ag-Cu-O formadas a diferentes pressões parciais de oxigénio. O intervalo de banda ótica obtido a uma baixa pressão parcial de oxigénio de $5x10^{-3}$ Pa foi de 1,36 eV. As películas formadas a uma pressão parcial de oxigénio de $2x10^{-2}$ Pa foi de 1,47 eV. Aumentou para 1,55 eV com o aumento da pressão parcial de oxigénio para $8x10^{-2}$ Pa. A partir destas investigações, as películas de fase mista Ag2Cu2O3 e Ag2Cu2O4 com uma resistividade eléctrica de 2,3 Ωcm e um intervalo de banda ótica de 1,47 eV foram obtidas a uma pressão parcial de oxigénio de $2x10^{-2}$ Pa.

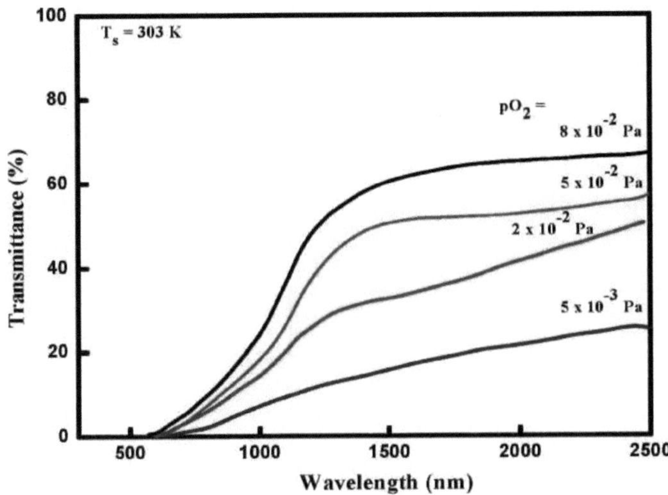

Figura 4.9 Espectros de transmitância ótica de películas Ag-Cu-O formadas com diferentes pressões parciais de oxigénio

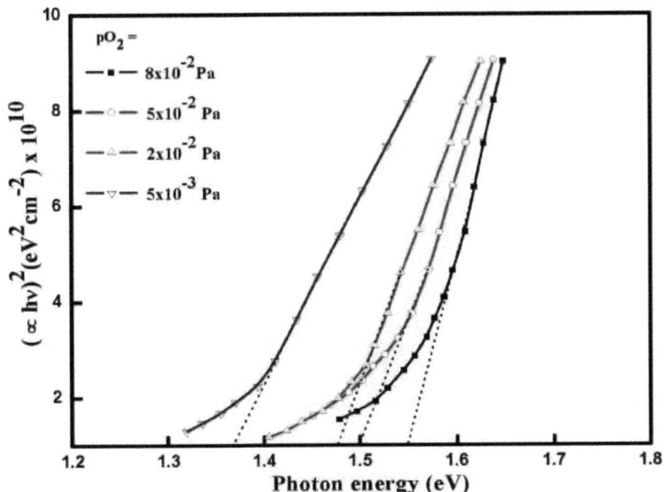

Figura 4.10 Gráficos de $(\alpha h\nu)^2$ versus energia dos fotões ($h\nu$) de películas de Ag-Cu-O formadas a diferentes pressões parciais de oxigénio

4.4. Efeito da temperatura do substrato nas propriedades físicas das películas Ag-Cu-O

O efeito da temperatura do substrato nas propriedades físicas foi estudado nas películas formadas a uma pressão parcial de oxigénio constante de $2x10^{-2}$ Pa e a diferentes temperaturas do substrato na gama 303 - 523 K. As propriedades estruturais, eléctricas e ópticas foram altamente induzidas pela temperatura do substrato durante o crescimento das películas.

4.4.1. Estudos de XRD

Os perfis de difração de raios X das películas formadas a diferentes temperaturas do substrato são apresentados na Figura 4.11. As películas formadas a 303 K eram de natureza policristalina com a presença das reflexões (202) e (008) do $Ag_2Cu_2O_3$ e das reflexões (111) e (3 12) do $Ag_2Cu_2O_4$, como já foi referido.

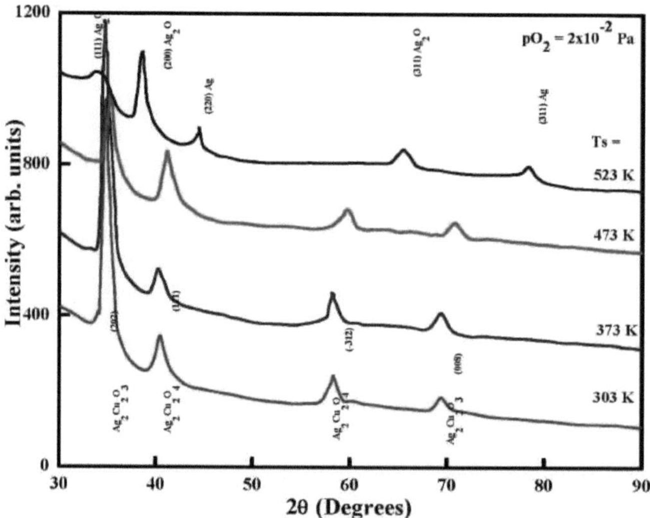

Figura 4.11 Perfis XRD das películas Ag-Cu-O formadas a diferentes temperaturas do substrato

Quando a temperatura do substrato aumentou até 423 K, a intensidade dos picos de difração aumentou devido à melhoria da cristalinidade das películas. Com o aumento da temperatura do substrato até 473 K, a posição dos picos de difração deslocou-se para um ângulo mais elevado. A deslocação dos picos de difração com a temperatura do substrato pode dever-se às tensões desenvolvidas nas películas. Após o aumento da temperatura do substrato para 523 K, as películas exibiram reflexões (111), (200) e (311) de Ag_2O [11] e reflexões (220) e (311) de Ag. Estes difractogramas indicam claramente que, à temperatura do substrato de 523 K, as películas se decompõem em Ag_2O e Ag. Esta decomposição de $Ag_2Cu_2O_3$ em Ag e CuO também foi registada em películas de $Ag_2Cu_2O_3$ pulverizadas por magnetrão DC formadas com alvo $Ag_{50}Cu_{50}$ e recozidas ao ar a 573 K [12]. O tamanho dos cristais das películas formadas a 303 K foi de 15 nm. O tamanho de cristalito das películas aumentou para 32 nm com o aumento da temperatura do substrato para 473 K. As películas formadas a uma temperatura elevada do substrato de 523 K, o tamanho de cristalito diminuiu para 15 nm devido à presença de fases de Ag e Ag_2O.

4.4.2. Estudos FTIR

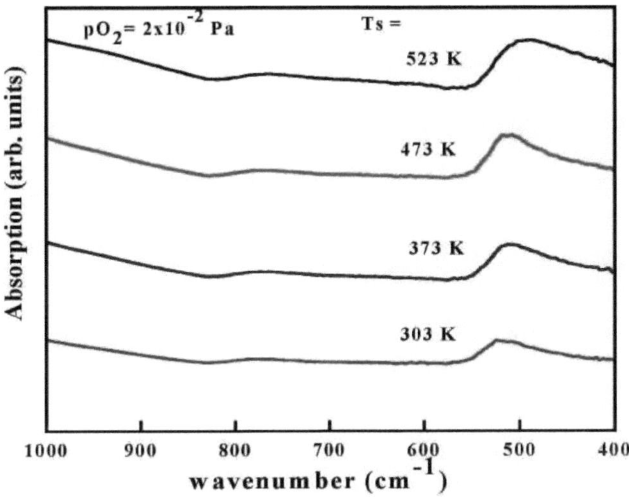

Figura 4.12 Espectros FTIR de películas Ag-Cu-O formadas a diferentes temperaturas do substrato

Os espectros de FTIR das películas formadas a diferentes temperaturas de substrato são apresentados na Figura 4.12. Os espectros FTIR das películas formadas à temperatura do substrato de 303 K mostram uma banda de absorção a cerca de 518 cm^{-1}. Quando a temperatura é aumentada para 473 K, a banda de absorção desloca-se para 511 cm^{-1}, com a presença de outra banda larga fraca a 795 cm^{-1}. A banda intensa a cerca de 511 cm^{-1} é caraterística da Ag coordenada linearmente com o oxigénio [13]. A banda larga fraca a cerca de 795 cm^{-1} foi relacionada com o óxido cuproso com modos combinados de fonões opticamente activos [14]. As películas depositadas a 523 K mostraram uma banda de absorção a 493 cm^{-1} que estava relacionada com o modo Ag-O ativo no infravermelho para o Ag2O. Por conseguinte, as películas formadas a 303 K eram da fase Ag-Cu-O, enquanto as depositadas a uma temperatura de substrato mais elevada de 523 K eram da fase mista de Ag2O e Ag.

4.4.3. Estudos AFM

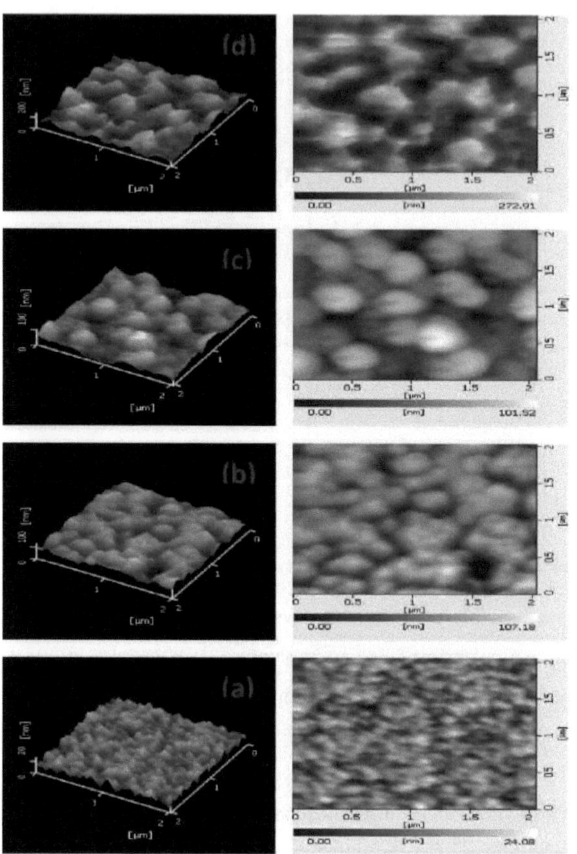

Figura 4.13 Micrografias AFM 3d- e 2d- de películas Ag-Cu-O formadas a diferentes temperaturas do substrato: (a) 303 K, (b) 373 K, (c) 473 K e (d) 523 K

A Figura 4.13 mostra as micrografias tridimensionais e bidimensionais de força atómica das películas formadas a diferentes temperaturas do substrato. As películas apresentam uma morfologia diferente dos grãos da superfície consoante a temperatura do substrato. O tamanho do grão das películas aumentou com o aumento da temperatura do substrato, como se mostra na Figura 4.14. O tamanho do grão das películas formadas a 303 K era de 85 nm. O tamanho de grão das películas aumentou para 310 nm com o aumento da temperatura do substrato para 473 K, devido à melhoria da cristalinidade das películas. Verifica-se também que a forma dos grãos é quase esférica. Isto indica que o aumento da temperatura do substrato modificou a morfologia da superfície das películas cultivadas. Após o aumento da temperatura do substrato para 523 K, as películas apresentaram um tamanho de grão maior, de 345 nm, com forma irregular. Este facto pode dever-se à coexistência das fases de óxido de prata e de prata. As películas formadas a 303 K apresentavam uma superfície lisa com uma rugosidade média quadrada de 3,7 nm. A raiz quadrada média da rugosidade da superfície das películas aumentou para 52,4 nm com o aumento da temperatura do substrato para 523 K [15].

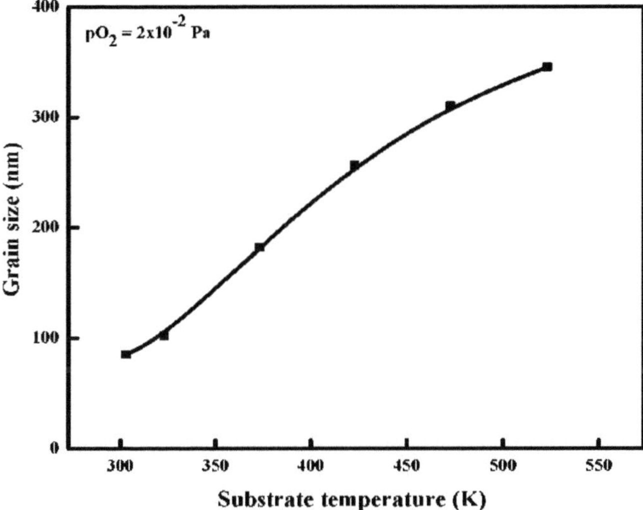

Figura 4.14 Variação do tamanho de grão das películas de Ag-Cu-O com a temperatura do substrato

4.4.4. Estudos eléctricos

A resistividade eléctrica das películas foi altamente influenciada pela temperatura do substrato. A Figura 4.15 mostra a dependência da resistividade eléctrica das películas com a temperatura do substrato. A resistividade eléctrica das películas formadas a 303 K era de 2,3 Ωcm. À medida que a temperatura do substrato aumentou para 473 K, a resistividade eléctrica das películas diminuiu para 0,8 Ωcm devido à melhoria da cristalinidade das películas. A baixa resistividade eléctrica de $3{,}6\times10^{(-3)}$ Ωcm foi exibida no caso das películas formadas a uma temperatura elevada do substrato de 523 K devido à existência de uma fase mista de Ag_2O e Ag, como revelado na difração de raios X. O baixo valor da resistividade eléctrica obtido a 523 K foi controlado pelos grãos de prata metálica, uma vez que os grãos de Ag_2O eram de elevada resistividade eléctrica [16]. Majunder et al. [17] relataram a resistência da folha de $3{,}5\times10^{(-3)}$ Ω/□ em 80 at. % Ag dopado com Ag- Cu-O pós compostos preparados por pirólise por pulverização. Uma diminuição da resistividade elétrica também observada em filmes Ag2Cu2O3 pulverizados formados com alvo $Ag_{50}Cu_{50}$ e recozidos a temperaturas na faixa de 423 - 523 K devido à decomposição de Ag e CuO metálicos [12]. Uma diminuição semelhante da resistividade eléctrica foi registada com o aumento da temperatura do substrato de 303 para 523 K em películas de Ag2Cu2O3 pulverizadas formadas com o alvo $Ag_{70}Cu_{30}$ [8, 18].

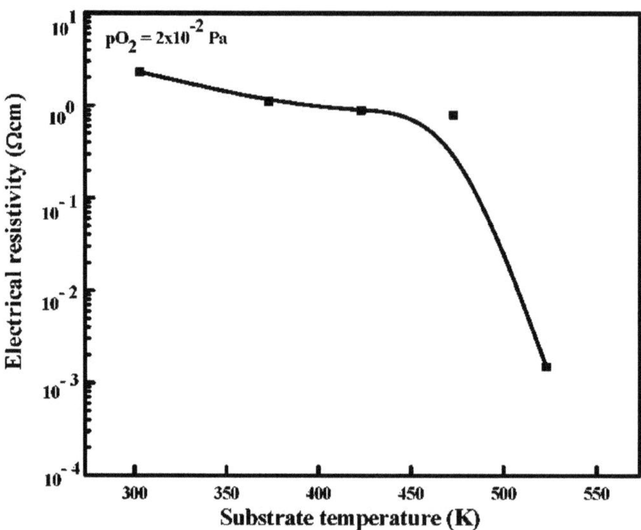

Figura 4.15 Dependência da resistividade eléctrica das películas de Ag-Cu-O com a temperatura do substrato

4.4.5. Estudos ópticos

A transmitância ótica das películas depende criticamente da temperatura do substrato das películas depositadas. A Figura 4.16 mostra a variação da transmitância ótica com o comprimento de onda das películas formadas a diferentes temperaturas do substrato.

A transmitância ótica (no comprimento de onda de 1000 nm) das películas formadas a 303 K era de 24%. A transmitância ótica das películas aumentou para 36% com o aumento da temperatura do substrato para 473 K. Aumentando ainda mais a temperatura do substrato para 523 K, atingiu-se um valor elevado de transmitância ótica de 62%. O bordo de absorção ótica das películas deslocou-se para o lado do comprimento de onda inferior com o aumento da temperatura do substrato.

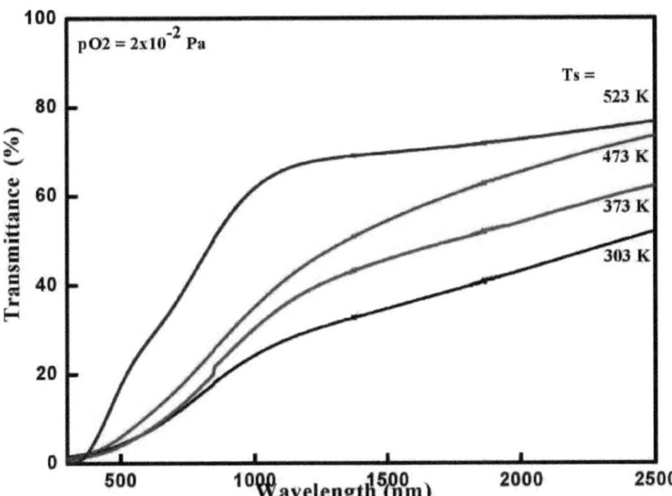

Figura 4.16 Espectros de transmitância ótica de películas Ag-Cu-O formadas a diferentes temperaturas do substrato

A Figura 4.17 mostra os gráficos de $(\alpha h\nu)^2$ versus a energia dos fotões das películas Ag-Cu-O formadas a diferentes temperaturas do substrato. O intervalo de banda ótica das películas aumentou de 1,47 para 1,83 eV com o aumento da temperatura do substrato de 303 para 473 K. O aumento do intervalo de banda ótica com o aumento da temperatura do substrato deve-se à melhoria da cristalinidade das películas. Este aumento do intervalo de banda ótica com o aumento da temperatura do substrato foi também registado em películas de CuAlO2 pulverizadas por magnetrão DC [19, 20]. As películas depositadas a uma temperatura de substrato mais elevada de 523 K apresentaram um intervalo de banda ótica de 2,20 eV. O elevado valor do intervalo de banda observado a uma temperatura de substrato mais elevada de 523 K deveu-se à presença de Ag2O. O intervalo de banda ótica das películas de Ag2O apresentou valores de 2,23 eV em películas RF magnetron sputtered [16] e 2,32 eV em películas DC magnetron sputtered [21]. Recentemente, Lund et al. [22] relataram que os filmes de Ag2Cu2O3 pulverizados por RF magnetron sputtered formados com alvo Ag0.5Cu0.5 mostraram um intervalo de banda direta de 2.2 eV.

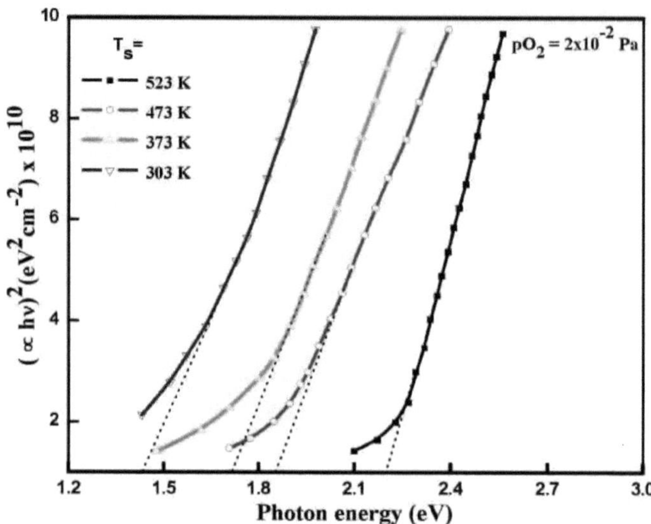

Figura 4.17 Gráficos de $(\alpha h\nu)^2$ versus energia dos fotões das películas de Ag-Cu-O formadas a diferentes temperaturas do substrato

Referências

[1] J. Musil, P. Baroch, K.H. Nam e J.G. Han, Thin Solid Films, 475 (2005) 208.

[2] L.H. Tjeng e M.B.J. Meinders, Phys. Rev. B, 41 (1990) 3190.

[3] D. Munoz-Rojas, J.Oro, P. Gomez-Romero, S. Fraxedes e N. Casan-Pastor, Electrochem. Commun., 4 (2002) 684.

[4] A. Chen, H. Long, X. Li, Y. Li, G. Yang e P. Lu, Vacuum, 83 (2009) 927.

[5] JCPDS - Internacional centro para dados de difração,Cartão ICCD n.º 00-004-0783.

[6] JCPDS - Internacional centro para dados de difração,Cartão ICCD n.º 01-073-6753.

[7] JCPDS - Internacional centro para dados de difração,Cartão ICCD n.º 01-070-7193.

[8] S. Uthanna, M. Hari Prasad Reddy, P. Boulet, C. Petitjean e J.F. Pierson, Phys. Status Solidi (a), 207 (2010) 1655.

[9] N.R.C. Raju, K. J. Kumar e A. Subramanyam, J. Phys.D: Appl. Phys., 42 (2009) 135411.

[10] C. Petitjean, D. Horwat e J.F. Pierson, J. Phys. D: Appl. Phys., 42 (2009) 025304.

[11] JCPDS - Centro Internacional de Dados de Difração, cartão ICCD n.º 00-041-1104.

[12] C. Petitjean, D. Horwat e J.F. Pierson, Appl. Surf. Sci., 255 (2009) 7700.

[13] G.I.N. Waterhouse, G.A. Bowmaker e J.B. Metson,

Físico-Química. Chem. Phys., 3 (2001) 3838.

[14] V.M. Burlakov, M. Goppert, A. Jolk e C.F. Klingshrin, Phys. Lett. A, 254 (1999) 95.

[15] P. Narayana Reddy, A. Sreedhar, M. Hari Prasad Reddy, S. Uthanna e J.F. Pierson, J. Nanotechnology, (2011) Artigo ID 986021, p. 1-8, doi:10.1155/2011/986021.

[16] J.F. Pierson, D. Wiederkehr e A. Billard, Thin Solid Films, 478 (2005) 196.

[17] D. Majumdar, H.D. Glicksman, T.T. Kodas, Powder Technol, 110 (2000) 76.

[18] M. Hari Prasad Reddy, B. Sreedhar, J.F. Pierson, S. Uthanna e P. Narayana Reddy, Physica Scripta, 84 (2011) 045602.

[19] A N. Banerjee e K.K. Chattopadhyay, J. Appl. Phys., 97 (2005) 084308.

[20] A. Sivasankar Reddy, H.H. Park, G. Mohan Rao, S. Uthanna e P. Sreedhara Reddy, J. Alloys. Compounds, 474 (2009) 401.

[21] X.Y. Gao, H.L. Feng, L.M. Ma, Z.Y. Zhung, J.X. Lu, Y.S. Chen, S.E. Yang e J.H. Gu, Physica B, 405 (2010) 1922.

[22] E. Lund, A. Galeckas, E.V. Monakhov e B.G. Svensson, Thin Solid Films, 520 (2011) 230.

CAPÍTULO - V RESUMO E CONCLUSÕES

Os principais objectivos da presente investigação são dois: (a) Deposição de películas finas de óxido de prata em substratos de vidro pelo método de pulverização catódica por magnetrão RF através da pulverização catódica de um alvo de prata metálica a diferentes pressões parciais de oxigénio, temperaturas do substrato e tensões de polarização do substrato, e (b) Preparação de películas de óxido de prata-cobre em substratos de vidro através da pulverização catódica de um alvo de liga de $Ag_{80}Cu_{20}$ a diferentes pressões parciais de oxigénio e temperaturas do substrato. As películas depositadas foram caracterizadas quanto à composição química por espetroscopia de energia dispersiva de raios X, à configuração da ligação química por espetroscopia de fotoelectrões de raios X, à morfologia da superfície por microscopia de força atómica, à estrutura cristalográfica por difração de raios X, às propriedades eléctricas por método padrão de quatro sondas e à absorção ótica por método espetrofotométrico. O efeito dos parâmetros de pulverização catódica nas propriedades estruturais, eléctricas e ópticas das películas depositadas foi sistematicamente estudado.

Películas de Ag_2O pulverizadas por magnetrão RF

O método de pulverização catódica por magnetrão RF foi utilizado para a deposição de películas de óxido de prata (Ag_2O) em substratos de vidro por pulverização catódica de um alvo metálico de prata no gás de pulverização de árgon e no gás reativo de oxigénio. Os parâmetros de deposição mantidos durante o crescimento das películas de óxido de prata foram os seguintes: pressão parcial de oxigénio na gama de $5x10^{-3}$ - $9 x10^{-2}$ Pa, temperatura do substrato na gama de 303 - 523 K e tensão de polarização do substrato na gama de 0 a -60 V e a uma pressão de pulverização constante de 4 Pa. Foi estudada a influência da pressão parcial de oxigénio, da temperatura do substrato e da tensão de polarização do substrato na composição química, nas energias de ligação dos níveis nucleares, na estrutura cristalográfica e nas propriedades eléctricas e ópticas das películas depositadas.

Para investigar o efeito da pressão parcial de oxigénio nas propriedades físicas das películas, as películas de Ag_2O foram depositadas num substrato de vidro não aquecido sob diferentes pressões parciais de oxigénio na gama de $5x10^{-3}$ - $9x10^{-2}$ Pa. A taxa de deposição das películas formadas a uma baixa pressão parcial de oxigénio de $5x10^{-3}$ Pa foi de 21 nm/min. Diminuiu para 14 nm/min à medida que a pressão parcial de oxigénio aumentou para $5x10^{-2}$ Pa e, a pressões parciais de oxigénio mais elevadas, manteve-se quase constante. Os estudos EDAX revelaram que, a uma baixa pressão parcial de oxigénio de $5x10^{-3}$ Pa, o teor de oxigénio é de 38,2 at. %. As películas formadas a $2x10^{-2}$ Pa contêm 49,7 at. % de oxigénio e permanece quase constante a pressões parciais de oxigénio mais elevadas. Isto indica que as películas formadas a uma pressão parcial de oxigénio de $2x10^{-2}$ Pa são quase estequiométricas. Os espectros de fotoelectrões de raios X das películas mostraram os picos de energia de ligação caraterísticos do nível central de Ag 3d, Ag 3p e O 1s. As películas formadas a uma baixa pressão parcial de oxigénio de $8x10^{-3}$ Pa mostraram que a energia de ligação do nível central de Ag $_{3d5/2}$ era de 368,2 eV e deslocou-se para um lado de energia mais baixo de 367,7 eV a uma pressão parcial de oxigénio de $2x10^{-2}$ Pa e 367,3 eV a uma pressão parcial de oxigénio mais elevada de $9x10^{-2}$ Pa. A energia de ligação do nível central do O 1s foi de 529,2 eV para as películas depositadas a uma pressão parcial de oxigénio de $2x10^{-2}$ Pa e passou para 528,6 eV a uma pressão parcial de oxigénio de $9x10^{-2}$ Pa. Isto indica que as películas depositadas a uma pressão parcial de oxigénio de $2x10^{-2}$ Pa apresentam uma fase única de Ag_2O.

As películas formadas a pressões parciais de oxigénio < $2x10^{-2}$ Pa apresentaram um pico fraco de (111) Ag_2O juntamente com (111) Ag, indicando a natureza policristalina das películas com o crescimento da fase mista de Ag_2O e prata metálica. As películas formadas a $2x10^{-2}$ Pa mostraram uma reflexão forte de (111) juntamente com reflexões fracas de (220) e (222) que correspondem ao crescimento de Ag_2O monofásico com estrutura cúbica. A uma pressão parcial de oxigénio de $5x10^{-2}$ Pa, observou-se o pico intenso (111) juntamente com os picos fracos (111), (020), (2 11) e (3 11) relacionados com o AgO. A uma pressão parcial de oxigénio elevada de $9x10^{-2}$ Pa, a intensidade de (111) diminuiu e a reflexão de (111) aumentou, o que indica o crescimento de AgO com estrutura monoclínica. O tamanho dos cristais das películas aumentou de 3,5 para 20 nm com o aumento da pressão parcial de oxigénio de $5x10^{-3}$ para $2x10^{-2}$ Pa, tendo depois diminuído para 18 nm a uma pressão parcial de oxigénio mais elevada de $9x10^{-2}$ Pa. Os estudos Raman mostram que as películas depositadas a uma pressão parcial de oxigénio de $2x10^{-2}$ Pa eram de fase única Ag_2O e as películas depositadas a uma pressão parcial de $9x10^{-2}$ Pa eram de fase única AgO. O tamanho do grão das películas aumentou de 54 para 125 nm, a rugosidade média quadrada de 4,05 para 8,74 nm, a resistividade eléctrica de $2,5x10^{-4}$ para $1,8x10^{(-2)}$ Ωcm e o intervalo de banda ótica de 1,50 para 2,13 eV com o aumento da pressão parcial de oxigénio de $5x10^{-3}$ para $9x10^{-2}$ Pa, respetivamente. Revelou que as películas monofásicas de Ag_2O apresentavam grãos esféricos de 85 nm com rugosidade quadrada média de 4,50 nm, resistividade eléctrica de $5,2x10^{(-3)}$ Ωcm e um intervalo de banda ótica de 2,05 eV a uma pressão parcial de oxigénio de $2x10^{-2}$ Pa.

O efeito da temperatura do substrato nas propriedades físicas foi estudado nas películas de Ag_2O formadas a uma pressão parcial de oxigénio constante de $2x10^{-2}$ Pa e a diferentes temperaturas do substrato na gama de 303 - 523 K. As películas formadas à temperatura ambiente (303 K) mostraram as reflexões (111), (220) e (222) do Ag_2O de estrutura cúbica. As películas formadas à temperatura do substrato de 373 K mostraram a diminuição da intensidade do plano (111) do Ag_2O juntamente com a presença do pico fraco do plano (111) do Ag. Após o aumento da temperatura do substrato para 473 K, a reflexão (111) do Ag_2O desapareceu completamente e a intensidade do plano (111) da Ag aumentou drasticamente. Isto indica que o Ag_2O se decompôs completamente em Ag. O tamanho de cristalização aumentou de 20 para 35 nm com o aumento da temperatura do substrato de 303 para 423 K devido à melhoria da cristalinidade das películas. A uma temperatura mais elevada do substrato de 523 K, o tamanho dos cristais diminuiu para 7 nm. A morfologia da superfície analisada por microscopia de força atómica indicou que as películas formadas a 303 K apresentavam grãos finos de forma esférica, que se transformaram em grãos piramidais a 473 K. O tamanho do grão das películas aumentou de 85 para 215 nm e a rugosidade média quadrada de 4,50 para 10,88 nm com o aumento da temperatura do substrato de 303 para 473 K, respetivamente. Os espectros FTIR das películas de Ag_2O formadas à temperatura do substrato de 303 K mostraram uma banda de absorção de infravermelhos a cerca de 518 cm^{-1} correspondente ao modo de vibração de estiramento Ag-O do Ag_2O. Os estudos FTIR revelaram que os filmes formados a 303 K eram da fase Ag_2O, enquanto os depositados a uma temperatura elevada do substrato de 423 K eram da fase mista de Ag_2O e Ag. As películas monofásicas de Ag_2O formadas a 303 K apresentaram uma resistividade eléctrica de $5{,}2x10^{(-3)\ \Omega cm}$. A resistividade eléctrica das películas formadas a 423 K foi de $3{,}5x10^{(-3)\ \Omega cm}$. As películas depositadas a temperaturas de substrato mais elevadas de 473 e 523 K apresentaram resistividades eléctricas mais baixas de $4{,}2x10^{-4}$ e $4{,}9x10^{(-4)\ \Omega cm}$, respetivamente. A transmitância ótica das películas formadas a 303 K foi de cerca de 60%. A transmitância ótica das películas aumentou com o aumento da temperatura do substrato até 423 K. O intervalo de banda ótica das películas, determinado a partir do bordo de absorção, aumentou de 2,05 para 2,20 eV com o aumento da temperatura do substrato de 303 para 423 K.

A polarização do substrato durante a deposição das películas resultou no crescimento de películas cristalinas em substratos não aquecidos, o que permite a utilização de substratos sensíveis à temperatura, como plásticos e polímeros, para aplicação em dispositivos electrónicos transparentes e flexíveis. Assim, as películas de Ag_2O foram formadas sob diferentes tensões de polarização do substrato na gama de 0 a -60 V e estudou-se a influência nas propriedades físicas das películas depositadas. Quando a tensão de polarização do substrato aumentou para -30 V, a intensidade da reflexão (111) aumentou devido à melhoria da cristalinidade das películas. Após o aumento da tensão de polarização do substrato para -45 V, as películas apresentaram uma fase mista de Ag_2O e Ag. A resistividade eléctrica das películas diminuiu de $5{,}2x10^{-3}$ para $1{,}2x10^{(-3)\ \Omega cm}$ com o aumento da tensão de polarização do substrato de 0 para -30 V. Com uma tensão de polarização do substrato mais elevada de -60 V, a resistividade eléctrica diminuiu para $3{,}9x10^{(-4)\ \Omega cm}$. O aumento da tensão de polarização do substrato melhorou o bombardeamento de iões com películas em crescimento e removeu os vestígios de oxigénio por pulverização catódica, o que modifica as propriedades físicas das películas depositadas, removendo os vazios presentes e, consequentemente, diminuindo a resistividade eléctrica. O intervalo de banda ótica das películas aumentou de 2,05 para 2,20 eV com o aumento da tensão de polarização do substrato de 0 para -30 V e, com uma tensão de polarização mais elevada de

-60 V, o intervalo de banda ótica diminuiu para 1,60 eV.

Filmes de óxido de prata dopado com cobre por pulverização catódica com magnetrão RF (Ag-Cu-O)

As películas finas de óxido de prata dopado com cobre (Ag-Cu-O) foram depositadas em substratos de vidro utilizando o método de pulverização catódica por magnetrão RF através da pulverização catódica de um alvo em mosaico de Ag2Cu2O3 a várias pressões parciais de oxigénio na gama de $5x10^{-3}$ - $8x10^{-2}$ Pa e temperaturas do substrato na gama de 303 - 523 K.

A razão atómica entre o cobre e a prata, determinada com o espetro de dispersão de energia, era quase um valor constante de 0,208. A baixa pressão parcial de oxigénio de $5x10^{-3}$ Pa o teor de oxigénio nas películas era de 38,6 at. %. As películas depositadas a uma pressão parcial de oxigénio de $2x10^{-2}$ Pa continham um teor de oxigénio de 49,4 at. % e a pressões mais elevadas manteve-se quase constante.

As películas formadas a uma baixa pressão parcial de oxigénio de $5x10^{-3}$ Pa apresentaram uma fase mista de Ag2Cu2O3 e Ag. A presença de fase mista deveu-se à insuficiência de oxigénio disponível na câmara de pulverização durante a deposição das películas. Quando a pressão parcial de oxigénio aumentou para $2x10^{-2}$ Pa, as películas eram de natureza policristalina. As películas formadas a uma pressão parcial de oxigénio de $2x10^{-2}$ Pa apresentaram as reflexões (202) e (008) de $Ag_2Cu_2O_3$ e as reflexões (111) e (3 12) de Ag2Cu2O4. Isto indicou que a fase mista Ag2Cu2O3 e Ag2Cu2O4 se formou na ausência de Ag elementar. Após um aumento da pressão parcial de oxigénio para $5x10^{-2}$ Pa, verificou-se um aumento da intensidade da reflexão (111) do Ag2Cu2O4 com uma diminuição da intensidade da reflexão (202) do Ag2Cu2O3. O tamanho do grão das películas aumentou de 35 para 132 nm e a rugosidade média quadrada da superfície de 1,31 para 4,27 nm com o aumento da pressão parcial de oxigénio de $5x10^{-3}$ para $5x10^{-2}$ Pa. O intervalo de banda ótica das películas aumentou de 1,36 para 1,55 eV com o aumento da pressão parcial de oxigénio de $5x10^{-3}$ para $8x10^{-2}$ Pa.

Para investigar o efeito da temperatura do substrato nas propriedades físicas, as películas Ag-Cu-O foram depositadas a temperaturas do substrato na gama de 303 - 523 K e a uma pressão parcial de oxigénio de $2x10^{-2}$ Pa. As películas formadas a temperaturas do substrato de 303, 373 e 423 K exibiram quase os mesmos padrões de difração com aumento da cristalinidade, por outro lado, as películas formadas à temperatura do substrato de 523 K os picos de difração continham a prata metálica indicando uma decomposição das películas. A superfície das películas formadas a 303 K era rugosa e os grãos estavam uniformemente distribuídos na superfície plana. O aumento da temperatura do substrato leva a um aumento do tamanho dos grãos. O tamanho dos grãos das películas aumentou de 85 para 345 nm com o aumento da temperatura do substrato de 303 para 523 K. A rugosidade quadrada média das películas aumentou com o aumento da temperatura do substrato. A resistividade eléctrica das películas diminuiu de 2,3 para $3,6x10^{(-3)\,\Omega cm}$ com o aumento da temperatura do substrato de 303 para 523 K. O intervalo de banda ótica das películas aumentou de 1,47 para 2,20 eV com o aumento da temperatura do substrato de 303 para 523 K.

Âmbito do trabalho futuro

Estas investigações revelaram que as películas finas monofásicas de Ag_2O foram depositadas por pulverização catódica com magnetrão RF de um alvo de prata a uma pressão parcial de oxigénio de $2x10^{-2}$ Pa, apresentando uma resistividade eléctrica de $5,2x10^{(-3)}$ Ωcm e um intervalo de banda ótica de 2,05 eV. Estas películas monofásicas de Ag_2O podem ser utilizadas como elétrodo em aplicações de microbaterias. É possível obter uma elevada eficiência na bateria quando o elétrodo é constituído por películas cristalinas de Ag_2O de maiores dimensões. Para melhorar o tamanho dos cristalitos das películas de Ag_2O, é necessário variar os parâmetros do processo de pulverização. Assim, propõe-se o crescimento das películas através da variação da potência de pulverização e/ou do tratamento térmico pós-deposição em vários ambientes.

As películas Ag-Cu-O formadas a uma pressão parcial de oxigénio de $2x10^{-2}$ Pa eram de fase mista de Ag2Cu2O3 e $Ag_2Cu_2O_4$. Para obter películas monofásicas de Ag2Cu2O3 e/ou Ag2Cu2O4, o teor de cobre nas películas deve ser aumentado. Assim, estas películas ternárias serão depositadas por pulverização catódica de composição eutéctica $Ag_{50}Cu_{50}$ ou $Ag_{40}Cu_{60}$ sob diferentes parâmetros de pulverização catódica e optimizarão as propriedades físicas para aplicação como cátodo em baterias para melhorar a capacidade de armazenamento e também para utilização como camada absorvente em células solares de película fina.

Lista de publicações de investigação relacionadas com o livro:

1. Propriedades físicas de películas finas de óxido de prata nanocristalino depositadas por pulverização catódica por magnetrão RF: Efeito da pressão parcial de oxigénio,

P. Narayana Reddy, A. Sreedhar, M. Hari Prasad Reddy, S. Uthanna e J.F. Pierson, *Crystal Research Technology*, 46 (2011) 961.

2. Propriedades estruturais, eléctricas e ópticas dependentes dos parâmetros de processo de películas de Ag-Cu-O pulverizadas por magnetrão reativo,

P. Narayana Reddy, A.Sreedhar, M. Hari Prasad Reddy, S. Uthanna, e J.F. Pierson, *Journal of Nanotechnology*, (2011), Artigo ID 986021, 6 pp. Doi:10.1155/2011/986021.

3. Comportamento estrutural, elétrico e ótico de filmes de óxido de prata nanocristalino pulverizado por RF magnetron sputtered: Efeito de polarização,

P. Narayana Reddy, M. Hari Prasad Reddy, J.F. Pierson e S. Uthanna, *Instituto Americano de Física: Conference Series*, 1391 (2011) 570.

4. A temperatura do substrato influenciou o comportamento estrutural, elétrico e ótico das películas Ag-Cu-O pulverizadas reactivamente,

M. Hari Prasad Reddy, **P. Narayana Reddy**, B. Sreedhar, J.F. Pierson e S. Uthanna, *Physica Scripta*, 84 (2011) 045602.

5. Structural, electrical and optical properties of reactively sputtered Ag-Cu-O films, **P. Narayana Reddy**, A. Sreedhar, M. Hari Prasad Reddy and S. Uthanna, *ISRN Condensed Matter Physics*, Volume 2012, Artigo ID 293032.

6. Caracterização de películas de óxido de prata formadas por pulverização catódica reactiva RF a diferentes temperaturas do substrato,

P. Narayana Reddy, M. Hari Prasad Reddy, J.F. Pierson e S. Uthanna, *ISRN Optics*, Volume 2014, Artigo ID 684317.

Printed by Books on Demand GmbH, Norderstedt / Germany